GHz 時代の高周波回路設計

市川裕一　青木 胜　CQ 出版株式会社　2004

著 者 简 介

市川裕一

　　1963 年　生于群马县

　　1985 年　毕业于群马大学部电子工学科

　　1985 年　进入日本光电工业(株)

　　1985 年　进入日本电气电波机器 Engineering(株),从事微波电路设计

　　1988 年　进入(株)横尾制作所,从事卫星通信用 LNB 的设计开发

　　1992 年　进入太阳诱电(株),从事微弱无线组件设计

　　1999 年　创办 I-Laboratory,从事高频/微波电路的开发、设计与试制,咨询

　　现　在　出任 I-Laboratory 代表

青木　胜

　　1955 年　生于　玉县

　　1979 年　进入八重州无线(株),从事无线通信设备开发

　　1983 年　进入日本摩托罗拉(株),从事通信设备的信号处理,控制软件的开发

　　现　在　出任(有)DST 代表董事长

图解实用电子技术丛书

高频电路设计与制作

开关/放大器/检波器/混频器/振荡器的技巧详解

〔日〕 市川裕一 青木 胜 著

卓圣鹏 译

何希才 校

科学出版社

北京

图字：01-2005-1166 号

内 容 简 介

　　本书是"图解实用电子技术丛书"之一。全书共分 9 章。本书首先对高频的基本知识加以介绍，然后在后续的篇章里，对开关、低噪声放大器、混频器、滤波器、检波电路、振荡电路、PLL 的设计与制作等进行详细论述。本书全面地阐述了有关高频电路设计的基础理论及其实际制作，且配有大量的印制电路板图、仿真电路等，图文并茂，大大地提高了本书的参考阅读价值。

　　本书适合电子、通信及其相关领域的工程技术人员参考阅读，也可作为大专院校电子、通信专业学生的课外阅读资料。

图书在版编目(CIP)数据

高频电路设计与制作/(日)市川裕一，青木胜著；卓圣鹏译；何希才校.—北京：科学出版社，2006（2023.1重印）

（图解实用电子技术丛书）

ISBN 978-7-03-017369-0

Ⅰ.高⋯　Ⅱ.①市⋯②青⋯③卓⋯④何⋯　Ⅲ.高频电路-设计
Ⅳ.TN 710.2

中国版本图书馆 CIP 数据核字(2006)第 058116 号

责任编辑：赵方青　崔炳哲 / 责任制作：魏　谨
责任印制：张　伟 / 封面制作：李　力

北京东方科龙图文有限公司　制作

http://www.okbook.com.cn

科学出版社 出版
北京东黄城根北街 16 号
邮政编码：100717

http://www.sciencep.com

北京虎彩文化传播有限公司　印刷
科学出版社发行　各地新华书店经销

*

2006 年 8 月第　一　版　　开本：B5(720×1000)
2023 年 1 月第八次印刷　　印张：18 1/4
字数：271 000

定　价：45.00 元
（如有印装质量问题，我社负责调换）

译者序

对电路设计而言,高频电路是由具有丰富经验的技术人员进行设计的。所以,高频电路的设计工作重任往往肩负在前辈工程师的身上。

因为高频电路涉及的参数很多,设计时受周边电路的影响很大,不仅要考虑电路本身的设计,也要顾及所使用印制基板的材质、厚度和印制布线等。只要设计不当,就会产生寄生电容形成谐振电路,造成信号被衰减或产生噪声,导致无法满足设计要求。因此,高频电路设计人员需要有经验,所谓经验,就是设计时能事先避免一些不合常理的设计以及解决电路设计时所遇到的问题,一般初学者可能不具备这些能力。

但是,随着科技的进步,高频电路设计的门槛逐渐降低,高频电路/微波电路用的仿真软件也得到了快速的发展。不了解高频电路的人,只要使用高性能仿真软件,就能得到所需要的性能。因此,设计人员只要依照仿真电路,稍具备一些基本设计概念,就能够设计出高频电路。一般说来,虽能靠仿真软件来设计出所期望的电路,但是,最后还是靠人工去完成。因此,设计人员必须不断学习新知识、积累实际操作经验才能顺利地完成设计任务,而本书就是充实自己的一本好书。

本书是高频电路设计的入门书,其内容包括:高频的基础知识,开关、低噪声放大器、混频器、滤波器、检波电路、振荡电路以及 PLL 等的设计与制作。这些设计与制作都是最基本的概念,根据实际的图表加以说明,使初学者能很快进入高频电路设计领域,对一些有经验的设计者而言,本书也是一本不可或缺的参考书。

本书内容新颖,深入浅出地介绍了高频电路设计。由于时间仓促,立意虽宏,疏漏之处尚祈不吝指教。

前　言

　　直到最近,所谓"高频"是指在电气电路中一块特殊的领域。那里是"电子技术人员的世界",尤其在微波电路的设计现场,反复使用小刀加工印制图案,完成焊接铜箔的作业。作者到现在仍然记得,在刚刚进入高频行业时,听公司的前辈说过,"成为一名合格的技术人员,需要花费 10 年的工夫"。

　　由于在高频领域常采用试探法,因此,也许从事数字电路或低频电路的专业人员看来,高频电路世界是不易接近的领域。然而,随着移动电话的迅速普及,蓝牙(Bluetooth)、无线 LAN 等无线数据通信设备的快速开发,高频电路技术越来越受到关注。直到今天,人们认为"高频、微波设备是面向防卫产业的特殊技术",但随着时代的变迁成为最先进技术及通信革命中不可或缺的普遍技术。实际上,在以电气大厂家为中心的高频领域,各种行业不同厂家的加入,且此领域中高频电路技术人员难求的局面仍在延续。

　　与过去相比,现在高频电路设计门槛变低而容易进入。原因是根据用户的要求,高频电路/微波电路用的仿真软件在迅速发展。不了解高频电路的人,看看学学久而自通,对输入电路进行最佳化,就能简单设计出相应特性的电路。若使用最近高性能的仿真软件,如果是简单的无源电路,有时也能够实际得到趋近预测特性的性能。

　　但是,仿真软件毕竟是工具,是否能有效利用这种工具全凭使用者所具备的经验与理论基础。在实际的高频电路中,由于有仿真软件不能表现的许多电路要素;因此,实际上,一定要考虑肉眼看不见的电路要素,进行元件的配置,绘制印制图案。使用仿真软件的人,由于积累经验、具备知识的不同,完成的性能有很大差异。

　　常听说"在公司只能做确定工作,不能积累各种经验"。此时,最有效的工作方法是使用仿真软件。若使用仿真软件,就能验证工作中所处理电路的工作情况,并进行调整。若使用刊载于文献与书中的电路或仿真软件附属的样品电路,就能够简单处理各种电路。若由仿真得到虚拟经验,并同时进行日常实用电路的设计与调整,就能极大地提高设计能力。

这里,作者最想说的是"要积累丰富的经验",不仅要阅读文献、书籍,还要尽量多地接触电路,自己动手实际制作,并通过测试调整使电路稳定可靠地进行工作。若接触众多电路,即使要必须设计全新电路或无经验电路时,也会取得成功的。

本书是以晶体管技术 2000 年 11 月~2001 年 12 月的连载与 2000 年 6 月特刊内容作为蓝本,内容加以补充,而后编辑而成。第 2 章以必须理解的内容为最低限度,对设计高频电路时史密斯图的用法和匹配方法进行了说明。高频电路入门者阅读的图书一定是以电磁场理论为中心进行讲解,因此,本书尽量删除了一些难以理解的说明。第 3 章~第 9 章,是实际设计、试作并评价 2GHz 频带的各种高频电路。

本书所试作的电路还不是十分成熟的电路,有许多改善之处。

试作相同电路,无问题也正常动作,"成功啦!"由此感到很高兴,但这并不是结束,而是"经验"积累的开始,大家手脑并用,使这种电路具有更佳的特性。采用试探法过程中,或许大家有新的发现。这就是电路特性好过了头,反而会变坏,这也是"经验"。作为积累经验的题材若能利用本书,那是件高兴的事。

将自己的想法整理出来以文章的形式呈现给大家,这对于作者来说,也是一次很好的学习机会,并且也是积累经验的过程。本人能够承担本书编写工作,感到非常荣幸。

最后谨向在百忙之中很快完成了第 8 章和第 9 章的编写任务的 DST 公司的青木胜先生,以及为了使本书浅显易懂而做编辑工作的晶体管技术编辑部的寺前裕司先生致以深深的谢意。

2002 年冬　市川裕一

目　　录

第1章
欢迎进入高频世界
——成为高频工程师为目标

1.1 频带和电路

"高频"是一个笼统的概念,并无严格定义。因此,在本书中把300MHz～3GHz频率认为是高频带(图1.1),而将这种频带的电路定义为"高频电路"。

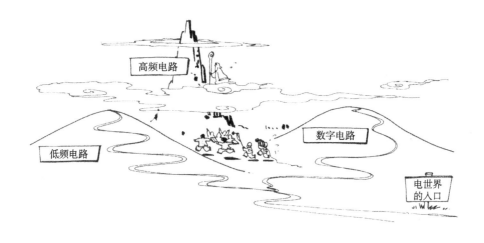

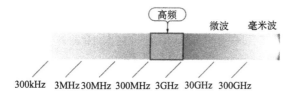

图1.1 本书中的"高频"频带

例如,以正在加速开发的蓝牙(Bluetooth)、无线 LAN 等无线数据通讯设备的 1~3GHz 频带电路(图 1.2)等。这是由单片元件构成的电路和由微带线等构成的电路混合组成的有趣的电路。对于单片元件,由于存在寄生成分,因此,其频率是偏离理想特性的频率。

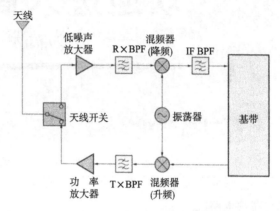

图 1.2 2GHz 频带收发信号系统的方框图

1.2 高频电路设计环境的变化

1. 最重要的是"经验"

随着高频电路和微波电路仿真软件的迅速发展,以及计算机的高性能化,高频电路设计者手中的工具已从电烙铁渐渐变成了键盘(图 1.3)。

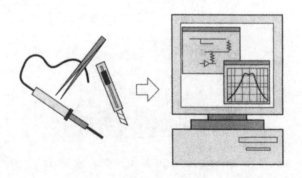

图 1.3 高频电路设计工具的变化

　　然而,即使设计者的工具改变了,但使用该工具的高频电路设计者所追求的目的没有变,这就是"经验"。

　　所谓必要的经验是什么? 请考察以下情况。

2. 过去的设计方式

　　首先回顾一下十几年前高频领域的状况。

　　当时,PC/AT 兼容的个人计算机 (IBM 制) 中使用的高频/微波电路仿真软件 (Touchstone) 逐渐上市,仿真软件的工作环境开始从大型计算机转到个人计算机。将由电子计算器和史密斯图所设计电路的节点清单 (表示电路元件及其连接的清单) 输入到高频/微波电路仿真软件(Touchstone)中,仿真结果和所预期的特性一样。

　　但是,由于当时个人计算机的性能较低,即使是对简单电路进行仿真也需要几分钟的时间。若想进行最佳分析,往往要花费数小时。由于在那个年代,只能依靠自己的头脑,使用文献资料、计算器、史密斯图来设计电路,在确认动作及验证时使用仿真软件。同时,Hewlett-Packard (HP)公司推出了矢量网络分析仪 HP8510,其性能、功能及操作性极佳。

　　当时,几乎没有高频 IC,设计者选定照片 1.1 所示的 MESFET (Metal Semi-conductor Field Effect Transistor,金属半导体百特基结场效应晶体管)与二极管等分立元件,使用史密斯图设计匹配电路,并用手绘制印制图案,有时还自己手工刻蚀来制造基板。

照片 1.1　高频 GaAs MESFET(S 频带功率放大用,日本电气(株)提供)

　　电路设计者本身有时也参与半导体的设计。对于不具有特定频率特性的 MESFET 如图 1.4 所示,无法由引线接合方式调整来覆盖间隙,从而构成早期 MESFET。因此为了得到所期望的特性,要决定引线接合的位置,再根据其结果制造 MESFET。

3. 目前的设计方式

　　随着个人计算机和仿真器的高性能化与多功能化的实现,可在一台个人计算机上完成从电路到印制图案的设计。也就是说,其设计方式从纸上变为在个人计算机上的设计。

　　对应的高频无源元件,例如,单片电容器与电感器等品种是非常丰富的。这是源于高频半导体快速发展的结果,高频电路的设

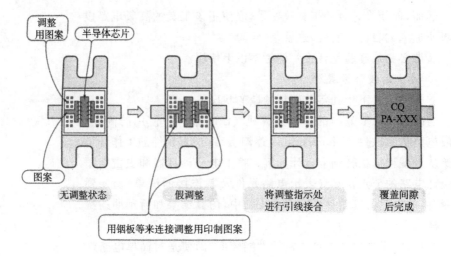

图 1.4 使用 MESFET 内的调整用垫来调整频率特性

计也随之变得非常容易。

在改善高频设计环境的同时,很快也进行了如下的设计分工。

① 单一功能电路的设计。

滤波器和放大器等单一功能电路模块的设计人员,尤其是元件厂商的工程技术人员负责。

② 高频装置的设计。

将高频模块与 IC 组合,设计高频装置的人员,尤其是制品厂商的工程技术人员负责。

元件厂商集中于特定电路的设计,而制品厂商集中于将其元件组合为装置的工作。因此,加快了设计速度。

1.3　现在高频电路设计中广泛存在的弊端

也许有人认为"高频电路设计环境的完好,对应各种高频元件的不断出现,分工细化的结果,电路设计变得很容易,设计速度也加快了,难道说还有弊端吗?

1. 即使能操作仿真软件也不能进行电路设计

随着高性能的个人计算机和高性能、高功能仿真软件的出现,也许有人会产生"只要有高频/微波电路仿真软件,就能设计出高频电路"的错觉。

的确,即使不了解高频电路的人,只要将电路输入到个人计算机中进行最优化,就能设计出具有极好特性的电路。尤其是滤波器等无源电路,也许能实际制作其特性接近由仿真所得特性的电路。

然而,在电路调整之前不能如此简单地进行这项工作。当改善性能时,完全看不清到底调整何处较好,这样会是摸不着头绪的盲目调整。特别是有源电路,有时也会通过仿真不能了解电路性能、发生预想不到的现象,进而出现无法收拾的局面。

这样一来,操作高频/微波电路仿真软件与使用仿真软件来设计电路这两项工作完全不同。前者只是知道仿真软件的使用方法而已。

当用仿真软件来设计电路时,由于仿真器只是一种工具,因此,大前提是必须理解高频电路的工作原理。能否在高频或微波电路设计中有效地使用这种不可或缺的仿真软件,全靠使用者的经验和知识。

2. 分工细化导致电路设计者能力的下降

分工细化的结果,使各设计人员对于所熟知的设计电路的范围迅速变窄。

IC 和模块的组合以及匹配电路的设计成为工作的重心。对于某单一功能电路或与模块有关性能了解得非常详细,但对于其他电路,由于没有经验不甚了解,而完全无法进行设计的人员在增多。而且,不能在真正意义上使用分立元件进行电路设计的人员也在增多。因此,也许像初期那样只能以 IC 数据表及应用说明中所记载的应用电路进行原样设计人员才有一些增加。

3. 关于经验

目前,支撑日本高频业界的是在"专业人员的世界"中操练本领的设计人员。这些设计人员在进行自己工作的同时,还需要积累各种电路的设计经验。但下一代将如何呢?

作者认为,只有尝试着连接多种电路,自己动手制作、接触并调试,从而积累出设计制作电路的经验很重要。

第 2 章
高频的基础知识
——为了更好地理解高频信号

2.1 信号的波长

1. 真空中 1MHz 的 1 个波长为 300m

在电气、电子电路中,也许有人认为高频电路或分布常数电路为特殊领域。但是,我们经常处理的是以低频交流电路为主的特殊电路,为什么呢?

交流信号的波长是与频率的倒数成反比。低频时,例如,在自由空间(真空中),1MHz 信号的波长,根据下式计算约为 300m。

$$\lambda = \frac{c}{f} = \frac{3 \times 10^8}{1 \times 10^6} = 300(\text{m}) \tag{2.1}$$

式中,λ 为波长(m);c 为光速(m/s);f 为信号的频率(Hz)。

在各种电子设备中一般使用的 FR-4(玻璃环氧树脂)基板上,波长也较自由空间(真空)短,但也约有 160m。图 2.1 为其示意图。

一般使用的基板,最大也不过数十 cm 左右,因此,设计处理 1MHz 信号的电路时,完全不考虑其波长而进行设计。也就是说,无意识地作了这样的近似,即"信号振幅和相位与配线上的位置无关,无论在何处它们都相等"。

2. 印制基板上 1GHz 的 1 个波长变为 16cm

那么,所处理信号的频率若变成 1GHz 的话,将如何呢?

图 2.1(b)所示为自由空间中 1GHz 的波长。其为 1MHz 的 1/1000,即 30cm,而在 FR-4 基板上仅成为约 16cm。也就是说,对所处理的波长,不能忽视基板上配线的影响。对于无意描绘的印制图案,线上的位置只差数 cm,但信号的相位和振幅则完全不同。

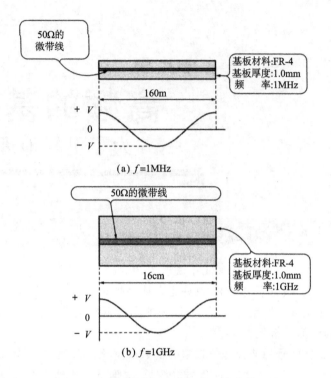

(a) f=1MHz

(b) f=1GHz

图 2.1 印制图案上电压振幅的分布情形

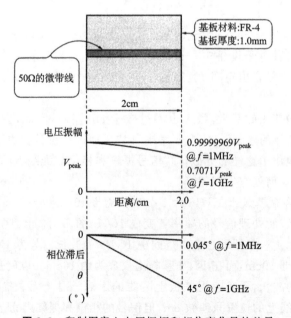

图 2.2 印制图案上电压振幅和相位变化量的差异

图 2.2 示出在长为 2cm 印制图案上的入口与出口处,相位和振幅的变化情况,这是 1MHz 与 1GHz 的比较图。此处假定所输入的振幅为最大。

1MHz 时,其振幅和相位都几乎不变。由于其变化极少,因此,不能简单地测量其差异。

另外,1GHz 时,其振幅约降低 30%,相位也变化了 45°。

这样,只要所处理的信号频率变高,配线长度相对所传输信号的波长不能忽视。也就是说,配线(传输线)也使其通过的信号的振幅和相位发生变化,因此,需要考虑作为何种电路元件使用。

2.2 高频电路看作分布常数的电路

经常听到"低频电路看作集中常数电路,而高频电路看作分布常数电路"的说法,但什么是"集中常数"及"分布常数"呢。

1. 集中常数

所谓"集中"是指在电路图上,用不包含尺寸的单一电路符号或引线来表示具有实际尺寸的各元件及配线的意思。也就是说,具有实际尺寸的元件及配线作为"无大小而集中于一点的情形"进行处理。

2. 分布常数

在高频电路中,配线(传输线)也要作为一种电路元件进行处理。

图 2.3 所示是平行双线式线路的微小区间及其等效电路。这里,R 和 L 是上下两导体合在一起的每单位长度的电阻与电感,G 和 C 是线间每单位长度的电导和电容(参看专栏)。对于高频电路,这些作为元件是看不见的,但要考虑它们分布在线路中。

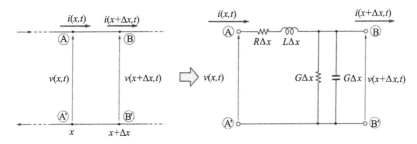

图 2.3 分布常数线路中微小区间的等效电路

所谓分布常数中的"分布"是指各元件与配线作为具有实际尺寸元件,以及将一个元件与配线作为集成为微小元件进行处理的意思。也就是说,在一个元件与配线中,具有某值(常数)的微小元件即为"分布"元件。

3. 集中常数电路的特殊性

实际上,集中常数与分布常数之间没有明确界限。电路的性能随着元件的位置及配线的长度和宽度不同而发生较大变化,它与所使用的频率无关,其电路必须作为分布常数电路进行处理。

假如长度为 1500km 的输电线,输送 50Hz 的电信号(图2.4)。若在输电线上以光速传输电力,由于 1 个波长约为6000km,则在送电端和受电端其相位差 90°。在送电端电压振幅最大时,则在受电端电压振幅变为零。信号的振幅和相位因位置不同而有很大差异,因此该输电线对 50Hz 信号而言也是分布常数电路。

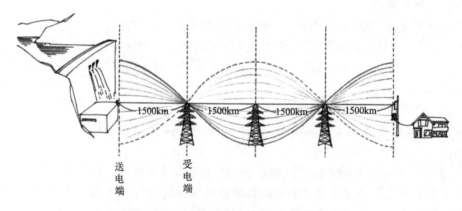

图 2.4 输电线传输 50Hz 的信号

集中常数电路是分布常数电路的特殊电路,用于在传输线中信号的振幅和相位近似不变的场合。集中常数电路的特殊场合绝不是分布常数电路的场合。

图 2.5 示出集中常数和分布常数之间的关系。现将以上内容归纳整理如下:

① 集中常数电路。

电路的尺寸相对信号的波长可以忽略的电路为集中常数电路。

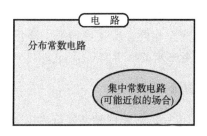

图 2.5　集中常数包含在分布常数中

② 分布常数电路。

电路的尺寸相对信号的波长不能忽略的电路为分布常数电路。

2.3　高频中最重要的工作是传输线的设计

2.3.1　表示传输线电气特性的"特性阻抗"

求解图 2.3 所示等效电路得到的方程式,从而得到线路上电压和电流的表达式,由此求出称为该线路的特性阻抗(characteristic impedance)。

特性阻抗 Z_0 可用下式表示:

$$Z_0 = \sqrt{\frac{R+j\omega L}{G+j\omega C}} \tag{2.2}$$

由式(2.2)可知,Z_0 由每单位线路长度的 R、L、G、C 决定。由于 R、L、G、C 由传输线的构造与尺寸决定,因此,考虑传输线时,特性阻抗 Z_0 是非常有用的参数。

线路损耗即 R 和 G 较小时,式(2.2)可近似由式(2.3)来所示。

$$Z_0 \approx \sqrt{\frac{L}{C}} \tag{2.3}$$

在高频电路中,有"特性阻抗 50Ω 传输线"的说法。然而,仔细考察一下式(2.3)。可见在该式中,完全不含电阻成分 R。Z_0 由传输线每单位长度的 L 和 C 之比来定义,因此,使用 $Z_0 = 50$Ω 传输线,这与低频电路相同,即使用万用表测量传输线与地间的电阻值也不能显示出 50Ω。

在式(2.3)中,没有与传输线长度相关的项。因此,若传输线的构造(除长度以外的实际尺寸与材质)相同,则传输线长度为1cm 和 1m 时,Z_0 完全相同。若要更详细了解传输线方程式等的推导过程,请参照本书末的参考文献[1]、[2]。

2.3.2 高频使用的传输线

构成分布常数电路的传输线特性阻抗由以下要素所决定:

① 构造;

② 实际尺寸;

③ 基板材质。

为此,制造出适合不同用途的各种构造传输线。现将其中经常使用的传输线加以介绍。

1. 微带线 (microstrip line)

微带线的截面构造如图 2.6(a)所示。上面的导体为传输线,下面的导体为地线。这是将传输高频的同轴电缆切开,压破中心导体而构成的图像。

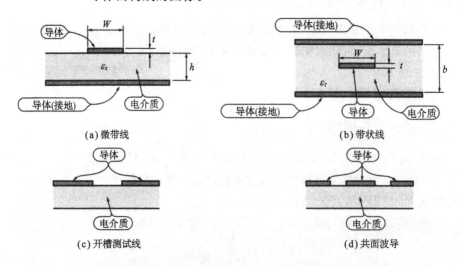

(a) 微带线   (b) 带状线

(c) 开槽测试线   (d) 共面波导

图 2.6 利用在高频系统中各种传输线路构造

微带线适合表面贴装元件(SMD)的组装,由于容易制造,因此在基板上制作分布常数电路时最常使用。

Z_0 由所使用基板的相对介电常数和厚度以及导体厚度和宽度等决定,若使用较高相对介电常数材质的基板,则可使电路小型化。

除了注意以下两点外,由于是与通常印制图案处理相同,因此也适合于低频电路和数字电路的混合场合。

① 必须将传输线内侧设在接地面。

② 传输线宽度由所期望的特性阻抗决定。

2. 带状线（strip line）

为了使各种电子机器小型化,必须缩小印制基板。此时,可使用多层基板。在这些基板内层构成分布常数电路时,最常使用的是带状线,图 2.6（b）示出其截面构造。这是将同轴电缆压破而形成的板状图像。

带状线能在基板内封闭电磁场,因此,有传输损耗比微带线小的优点。但缺点是,由于传输线深入内层,因此不容易调整。

它与微带线相同,传输线的特性阻抗由印制基板的相对介电常数与厚度、导体的厚度与宽度等决定。

除此之外,还有开槽测试线和共面波导等各种构造的传输线。图 2.6(c)和(d)示出这些构造。

由于微带线和带状线特性阻抗的计算式是由 10 个近似式构成,因此这里没有示出。请参照本书末所列的高频参考书[3]～[5]等。

2.4 用分布常数与集中常数制作的高频电路

用集中常数和分布常数构成的电路有何不同呢？试将特性进行比较。

图 2.7(a)示出用集中常数构成的带阻滤波器（BEF：Band Elimination Filter）,图 2.7(b)示出用分布常数构成的 BEF。

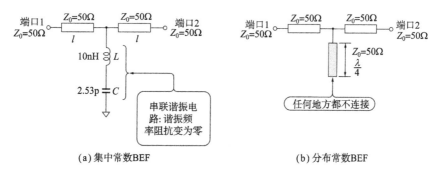

(a)集中常数BEF   (b)分布常数BEF

图 2.7 中心频率为 1GHz 的 BEF

1. 电路的差异

(1) 集中常数 BEF

在传输线和地之间接入 L 和 C 构成的串联谐振电路,谐振频率时阻抗为零。但由于作为集中常数进行处理,因此 L 和 C 不具有一定的数值。

(2) 分布常数 BEF

在图 2.7(b)中不了解其示意图,试考虑为图 2.8 所示那样,它为基板上微带线的印制图案。但是,对于所有线路按 $Z_0 = 50\Omega$ 进行设计。由该图可知,顶端为开路的线路只是从传输线途中分支的电路。

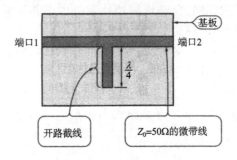

图 2.8 用微带线制作的分布常数 BEF

从主传输线分支的该部分称为截线(stub)。因截线顶端不同任何处连接,因此称为开路截线。

2. 分布常数 BEF 的工作原理

用图 2.9 对此加以说明。由于无严格意义上的说明,因此,可作为工作示意图进行理解。在 BEF 中心频率处,截线长度设定为

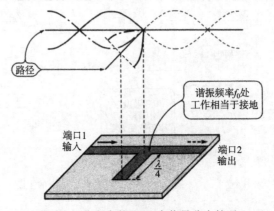

图 2.9 分布常数 BEF 中信号分布情况

λ/4。这里,λ 表示 1 个波长。

开路截线的顶端为开路状况,其顶端电压振幅变成最大。而且,由于截线的长度设定在中心频率 f_0 相应波长的 1/4(=λ/4)处,因此截线的顶端和其根部的相位相差 90°。顶端的振幅最大,而根部的振幅变为零。

也就是说,对频率为 f_0 的信号而言,截线的根部犹如接地(基准点)一样。

3. 传输特性

这里,考察一下各种电路的传输特性。

图 2.10 示出集中常数电路和分布常数电路的特性。中心频率设定为 1GHz。

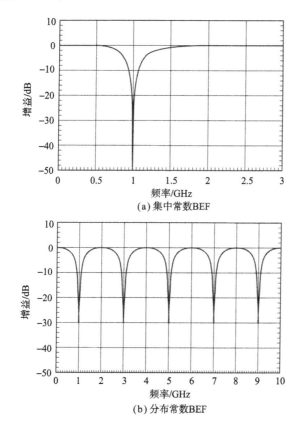

(a) 集中常数BEF

(b) 分布常数BEF

图 2.10 BEF 的传输特性(仿真)

分布常数是对于 1GHz 频率,用 λ/4 的理想开路截线进行仿真。由图 2.10 可见,集中常数电路(图 2.10(a))仅是示出 1GHz

处的 BET 特性,而分布常数电路(图 2.10(b))示出仅是 1GHz 处重复相同的特性。其原因何在?

图 2.11 是对各频率示出开路截线上电压振幅的示意图。信号频率为 1GHz 时,图中开路截线相当于 $\lambda/4$,3GHz 时相当于 $3\lambda/4$。也就是说,即使为 3GHz,截线的根部电压振幅也变为零。5GHz 和 7GHz 时也都是一样的。

考虑分布常数电路时,不仅只是看到计算与仿真的结果,在印制图案上传播"波"的图像也非常重要。

如图 2.12 所示,若截线的顶端接地的话,该电路就表示带通滤波器(BPF;Band Pass Filter)特性。

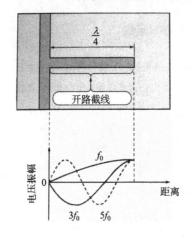

图 2.11 开路截线上的电压分布情况

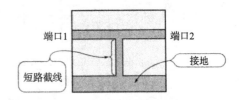

图 2.12 短路截线

2.5 高频中功率比电压与电流更容易处理

2.5.1 S 参数的概要

1. 用 S 参数表示元件和电路的输入输出特性

在一般电气电路和电子电路中,为了表示电路特性,使用了 Z 参数、Y 参数、h 参数(图 2.13)等,但前提是这些参数要用电压和电流来测定并评价电路特性。

对于高频,几乎不能像低频那样测量电压与电流。例如,为了测量电压,若将探头等接触到印制图案上,该探头就具有了如上述的截线(stub)功能,使电路构成发生改变。即使不接触,若只是靠近印制图案,也会影响其周围的电磁场,于是电路本来的特性也随

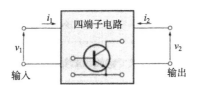

$h_{11}=\left(\dfrac{v_1}{i_1}\right)_{v_2=0}$：输出端短路时的输入阻抗

$h_{12}=\left(\dfrac{v_1}{v_2}\right)_{i_1=0}$：输入端开路时的反向电压反馈系数

$h_{21}=\left(\dfrac{i_2}{i_1}\right)_{v_2=0}$：输出端短路时的正向电流放大系数

$h_{22}=\left(\dfrac{i_2}{v_2}\right)_{i_1=0}$：输入端开路时的输出导纳

图 2.13 h 参数

之改变。

因此,必须用取代电压或电流的其他量进行测量与评价。

在高频领域也能稳定而正确测量的量是功率。若只是研究电路输入功率和输出功率之间的关系,则可将电路网路作为黑匣子进行处理。在高频电路中,用电压或电流时不考虑电路特性。用电流或电压也几乎不能表示电路特性。若在高频电路中处理电压或电流,则只是直流偏置而已。

专　栏

从集中常数角度看微带线

仔细观察一下图 2.A 所示的微带线,则发现上面和下面导体图案为平行配置,形成电介质挟在中间的构造,这种构造有时是看不见的。

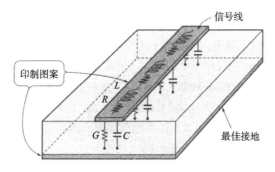

图 2.A 微带线中 R、L、G、C 的分布情况

这与平行平板电容器的构造相同。也就是说,微带线认为是每单位长度

具有一定容量进行并联的电容器。

导体间的电介质不是完全的绝缘体,它具有一定的电阻率。单位长度的微带线具有一定电阻值。这与上述电容器一样,对于传输线为并联分布,因此,可用计算上较容易处理的电导表示其阻抗成分。

（1）表示电路和元件的输入与输出功率之间关系——S参数

在高频中,可由表示电路的各对端子出入波的振幅和相位关系的S矩阵（scattering matrix,散射矩阵）来规定电路的特性。S矩阵的各要素称为S参数。出入电路网络的功率由这些波的振幅和相位决定。

图2.14示出二端口电路（四端子电路）,用于说明该波与S矩阵。各端口的电压v_n和电流i_n如下式所示,它分别用行波（进入电路的波）$\vec{v}_n$、$\vec{i}_n$和回波（电路出来的波）$\overleftarrow{v}_n$、$\overleftarrow{i}_n$之和表示。

$$v_n = \vec{v}_n + \overleftarrow{v}_n \tag{2.4}$$

$$i_n = \vec{i}_n + \overleftarrow{i}_n \tag{2.5}$$

这里,用下式定义输入波a_n和输出波b_n。

$$a_n = \frac{\vec{v}_n}{\sqrt{Z_0}} = \vec{i}_n \sqrt{Z_0} \tag{2.6}$$

$$b_n = \frac{\overleftarrow{v}_n}{\sqrt{Z_0}} = \overleftarrow{i}_n \sqrt{Z_0} \tag{2.7}$$

式中,Z_0为电路网络中连接的传输线的特性阻抗。

若将该式的两边平方,则得到如下关系式:

$$|a_n|^2 = \frac{|\vec{v}_n|^2}{Z_0} = |\vec{i}_n|^2 Z_0 \tag{2.8}$$

$$|b_n|^2 = \frac{|\overleftarrow{v}_n|^2}{Z_0} = |\overleftarrow{i}_n|^2 Z_0 \tag{2.9}$$

各端口的输入功率P_n表示如下:

$$P_n = |a_n|^2 - |b_n|^2 \tag{2.10}$$

式中,a_n和b_n为复变量,它是具有大小和相位的信息。而绝对值的平方可分别表示输入和输出方向的功率。

所谓S矩阵是定义a_n和b_n之间的关系,可用下式表示:

$$\begin{bmatrix} b_1 \\ b_2 \end{bmatrix} = \begin{bmatrix} S_{11} & S_{12} \\ S_{21} & S_{22} \end{bmatrix} \begin{bmatrix} a_1 \\ a_2 \end{bmatrix} \tag{2.11}$$

由式（2.6）、（2.7）、（2.11）可知,S矩阵各要素随各端口所连接传输线的特性阻抗Z_0而变化。

例如,对于输出输入为同轴连接器的电路,这意味着具有输入输出连接器的特性阻抗。

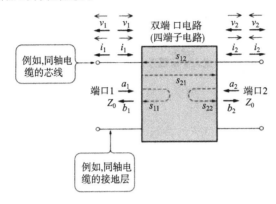

图 2.14 双端口电路

(2) 若无特别说明,则特性阻抗仍为 50Ω

由式(2.11)可知,S 参数值虽随 Z_0 而变化,但尤其在高频领域,或许可仍考虑 Z_0 为 50Ω。其原因是,若使用 S 矩阵的厂商或个人能随意决定 Z_0,则会发生混乱。

对于高频使用的频谱分析仪、网路分析仪等测量仪器,除了特殊场合之外,其输入输出端子的特性阻抗都为 50Ω。

2. S_{11}、S_{22}、S_{21}、S_{12} 的意义

再一次考察一下,式(2.11)中 S 矩阵各参数的意义。

$S_{11} \sim S_{22}$ 各参数可用下式表示:

$$S_{11} = \frac{b_1}{a_1}, \text{但 } a_2 = 0 \qquad (2.12)$$

$$S_{21} = \frac{b_2}{a_1}, \text{但 } a_2 = 0 \qquad (2.13)$$

$$S_{12} = \frac{b_1}{a_2}, \text{但 } a_1 = 0 \qquad (2.14)$$

$$S_{22} = \frac{b_2}{a_2}, \text{但 } a_1 = 0 \qquad (2.15)$$

S_{11} 是端口 2 作为终端,其阻抗为 Z_0,这是端口 1 输入波时,表示与反射回来波的比率,即为反射系数。

S_{22} 是表示端口 2 的反射系数。

S_{21} 是 Z_0 端口 2 作为终端,其阻抗为 Z_0,这是端口 1 输入波时,表示传输给端口 2 波的比率,即正向传输系数。

S_{12} 与 S_{21} 相反,表示反向传输系数。

3. 多个端口电路中 S 参数的意义

对于多个端口电路,其 S 参数的意义表示如下:

$$S_{ij} = \frac{b_i}{a_i} \tag{2.16}$$

$$S_{ji} = \frac{b_j}{a_i} \tag{2.17}$$

S_{ij} 是除端口 i 以外的端口作为终端,其阻抗都为 Z_0 时,端口 i 的反射系数。S_{ji} 是除端口 i 以外的端口作为终端时,其阻抗都为 Z_0 时,从端口 i 到端口 j 的传输系数。

2.5.2 实际高频元件数据表中记载的 S 参数

1. 高频晶体管 2SC5509 的 S 参数

在高频微波晶体管数据手册或数据表中记载了 S 参数。

例如,表 2.1 是表示在日本电气 2SC5509 数据表中记载的 S 参数数据的一种。

表 2.1 高频晶体管 2SC5509 的 S 参数($V_{CE}=2V, I_C=5mA$,日本电气(株)提供)

频率 /GHz	S_{11}		S_{21}		S_{12}		S_{22}	
	MAG	ANG/(°)	MAG	ANG/(°)	MAG	ANG/(°)	MAG	ANG/(°)
0.1	0.797	−25.94	13.442	161.76	0.028	72.37	0.936	−20.39
0.2	0.770	−51.57	12.398	147.44	0.051	59.73	0.851	−37.40
0.3	0.745	−73.20	11.178	135.11	0.067	49.51	0.760	−51.45
0.4	0.722	−91.15	10.009	124.78	0.078	41.79	0.679	−63.07
0.5	0.706	−106.11	8.939	116.19	0.085	35.66	0.613	−72.68
0.7	0.686	−128.20	7.164	102.82	0.095	27.05	0.517	−87.63
1.0	0.671	−150.55	5.409	88.20	0.101	19.02	0.434	−103.18
1.5	0.645	−176.33	3.740	70.86	0.105	12.58	0.345	−122.09
2.0	0.645	165.19	2.883	56.19	0.109	8.59	0.317	−134.76
2.5	0.650	149.02	2.346	42.81	0.113	5.53	0.304	−145.44
3.0	0.658	134.45	1.973	30.27	0.118	2.95	0.296	−155.25
3.5	0.672	121.30	1.702	18.51	0.123	0.37	0.293	−165.24
4.0	0.687	109.32	1.495	7.29	0.130	−2.38	0.294	−175.12
5.0	0.714	88.23	1.204	−13.63	0.145	−8.89	0.308	165.47
6.0	0.732	69.35	1.010	−32.90	0.164	−17.02	0.325	148.83
7.0	0.748	48.25	0.872	−52.12	0.184	−28.42	0.331	130.26

续表 2.1

频率 /GHz	S_{11}		S_{21}		S_{12}		S_{22}	
	MAG	ANG/(°)	MAG	ANG/(°)	MAG	ANG/(°)	MAG	ANG/(°)
8.0	0.771	28.05	0.756	−70.66	0.201	−41.05	0.330	107.54
9.0	0.803	11.98	0.658	−88.06	0.215	−54.78	0.334	80.84
10.0	0.831	−1.70	0.582	−104.40	0.227	−68.60	0.361	54.14
11.0	0.850	−15.13	0.516	−120.66	0.233	−83.30	0.397	28.30
12.0	0.868	−30.05	0.460	−137.97	0.237	−99.71	0.438	1.90
13.0	0.880	−46.23	0.399	−155.64	0.229	−117.00	0.483	−23.26
14.0	0.891	−61.26	0.336	−172.84	0.212	−133.32	0.538	−47.62
15.0	0.896	−72.09	0.282	171.65	0.194	−148.20	0.591	−70.54
16.0	0.895	−83.61	0.237	156.87	0.178	−162.18	0.634	−89.80
17.0	0.887	−96.20	0.201	141.03	0.161	−177.56	0.657	−107.95
18.0	0.887	−107.53	0.163	124.81	0.140	168.44	0.677	−126.87

在 S 参数数据的前面,示出了偏置等测试条件。一般来说,在数据表中,记载了多种条件下所测试的 S 参数数据。进行仿真时,选择最接近设计条件下所测试的 S 参数数据。

表 2.1 示出 0.1～18.0GHz 频率点的 S 参数。

由 MAG(magnitude:振幅)和 ANG(angle:相位)的组合方式表示 S_{11}～S_{22} 的各种参数。

2. 1GHz 时 2SC5509 的工作情况

试根据 1GHz 时 S_{11}～S_{22} 的数据,考察一下该晶体管的特性。

(1) 由 S_{11} 来理解

S_{11}(反射系数)为 0.671。

若将匹配电路接入输入侧,则由下式可知,这意味着约输入功率的 45% 会反射回来。

$$b_1{}^2 = a_1{}^2 S_{11}{}^2 = (0.671)^2 a_1{}^2 \approx 0.45 a_1{}^2 \qquad (2.18)$$

由此可知,若原封不动,则效率很差,因此,需要接入匹配电路。

(2) 由 S_{21} 来理解

S_{21}(传输系数)为 5.409,因此,输入信号被放大了。具体来说,若将输入输出接在 $Z_0 = 50\Omega$ 的传输线上,并施加偏置,则可以得到约 14.7dB(29.3 倍)的功率增益。

$$b_2{}^2 = (5.409)^2 \, a_1{}^2 \approx 29.3 a_1{}^2 \tag{2.19}$$

（3）由 S_{12} 来理解

S_{12}（传输系数）为 0.101，因此从输出侧出来的输入信号被衰减。在输出侧出来的信号约衰减 19.9dB（0.01 倍）。

$$b_1{}^2 = (0.101)^2 a_2{}^2 \approx 1.02 \times 10^{-2} a_2{}^2 \tag{2.20}$$

（4）由 S_{22} 来理解

S_{22}（反射系数）为 0.434，若在输出侧接入匹配电路，从输出侧输入信号，则约有 19% 的功率被反射回来。

$$b_2{}^2 = (0.434)^2 a_2{}^2 \approx 0.188 a_2{}^2 \tag{2.21}$$

若从晶体管来看输出侧，输入功率被放大了，而从晶体管输出的功率中约有 19% 功率不向外输出，即在出口端被反射回来。

2.6 用史密斯图求阻抗

2.6.1 史密斯图

1. 高频中不方便使用正交坐标

在图 2.15 所示正交坐标中，试考察一下描绘某电路输入阻抗 $Z_{\mathrm{in}} = R + jX$ 的频率特性。

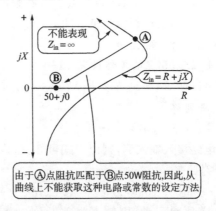

图 2.15 正交坐标系中表示的高频电路阻抗 Z_{in}

在坐标中，也描绘了 $Z_0 = 50\Omega$ 的 Ⓑ 点。此处，某频率阻抗（Ⓐ点）必须匹配 50Ω（Ⓑ点）的情形如何呢？在该坐标系中，只能了解 50Ω 的偏差，不知道如何取得匹配。

设定匹配电路的形式（元件数、串联接入的元件、并联接入的元件等),建立方程式,并进行计算,可求出匹配电路的元件值。另外,也不能表现谐振电路等常见的无限大阻抗。

匹配的详细情况以后叙述。

2. 能用眼观察匹配程度

(1) 反射与匹配之间关系密切

匹配的电路或元件处于输入的功率不被反射回来的状态。相反,失配的电路或元件处于输入的功率的一部分或全部被反射回来的状态。

这样,功率反射的比率(反射系数)与阻抗匹配之间有密切的关系。

(2) 用史密斯图确认其匹配状态

这里,试表示输入功率侧与被输入侧的两个阻抗间的反射系数。

假设某电路的输入阻抗为 Z_{in},其输入的反射系数 Γ 可用下式表示:

$$\Gamma = \frac{Z_{in}-Z_0}{Z_{in}+Z_0} = \frac{\dfrac{Z_{in}}{Z_0}-1}{\dfrac{Z_{in}}{Z_0}+1} = |\Gamma| \angle \boldsymbol{\theta} \tag{2.22}$$

式中的 Z_0 是接在该电路中电路或传输线的特性阻抗。

若用反射系数 Γ 取代阻抗的表示形式($Z_{in}=R+jX$),则可用 $0\sim1$ 的大小(magnitude)和 $-180°\sim+180°$ 的相位(angle)组合表示对应阻抗量。

由式(2.22)可知,由于 $|\Gamma| \leqslant 1$,若用 $0\sim\infty$ 阻抗成分和 $-\infty\sim +\infty$ 电抗成分之和表示阻抗,则在半径为 1 的圆中(图 2.16)都能表示出来。

Z_{in} 换算为反射系数表示时,如图 2.17 所示,可简单地用离中心的距离(Γ 的大小)与角度(Γ 的相位),描绘出这种情形。

3. 匹配电路的设计

这样,若使用史密斯图,则以距中心点的距离形式,从视觉上理解电路匹配和反射的程度。那么,实际设计时如何使用呢?

若某电路的输入阻抗 Z_{in} 与特性阻抗 Z_0 相同,即取得阻抗匹配,则 Z_{in} 绘制在史密斯图的中心。

这是根据某种规则,在史密斯图上,移动其图上绘制的任意阻抗点,使其位于中心位置那样设定电路或常数,这意味着与匹配电路设计时相同。

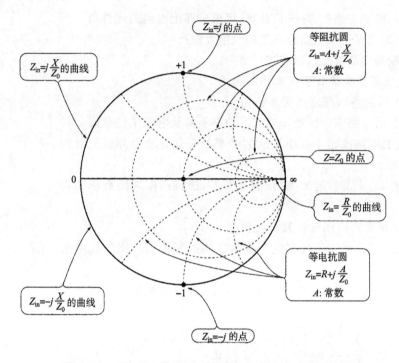

图 2.16 在半径 1 的圆（史密斯图）上表示 Z_{in} 的所有情形

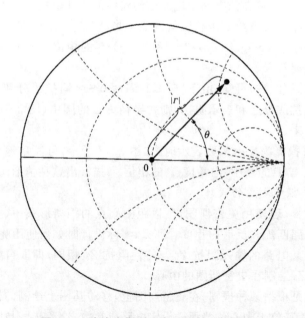

图 2.17 在史密斯图上表示反射系数的情形

2.6.2 在史密斯图上描绘阻抗

1. 用 50Ω 进行规格化

那么,如何在史密斯图上描绘用 $Z_{in}=R+jX$ 表示的阻抗呢? 请实际描绘看看。

由式(2.22)可知,为了在史密斯图上描绘 Z_{in},要用 Z_0 进行规格化,即用 Z_0 将其分为电阻成分 R 与电抗成分 X,从而求出规格化阻抗 $z(z=Z_{in}/Z_0)$。

2. 描绘规格化阻抗

规格化的阻抗 z 为:

$$z=r+jx \tag{2.23}$$

针对几种情况,试考察一下在史密斯图上如何描绘这种规格化阻抗。

(1) 在史密斯图上描绘 $Z=50\Omega$ 的情形

若用 50Ω 将 $Z=50\Omega$ 规格化,则求出 z 为:

$$z=\frac{50+j0}{50}=1+j0 \tag{2.24}$$

因此,可在位于横轴上史密斯图的中心,即在图 2.18 中的Ⓐ点描绘出 $Z=50\Omega$ 的情形。

(2) 在史密斯图上描绘 $Z=0\Omega$ 的情形

求出的 z 如下:

$$z=\frac{0+j0}{50}=0+j0 \tag{2.25}$$

因此可在横轴上的左端,即在图 2.18 中的Ⓑ点描绘出 $Z=0\Omega$ 的情形。

(3) 在史密斯图上描绘 $Z=\infty\Omega$ 的情形

求出的 z 如下:

$$z=\frac{\infty+j0}{50}=\infty+j0 \tag{2.26}$$

因此,可在横轴上的右端,即在图 2.18 中的Ⓒ点描绘出 $Z=\infty\Omega$ 的情形。

(4) 在史密斯图上描绘 $Z=j50\Omega$ 的情形

求出的 z 如下:

$$z=\frac{0+j50}{50}=0+j \tag{2.27}$$

因此,可在 $x=j1$ 的等电抗圆与外周圆的交点,即在图 2.18

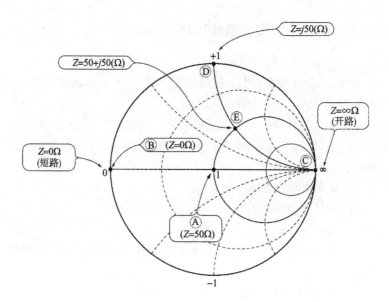

图 2.18 在史密斯图上表示规格化的阻抗

中的Ⓓ点描绘出 $Z=j50\Omega$ 的情形。

（5）在史密斯图上描绘 $Z=50+j50\Omega$ 的情形

求出的 z 如下式，

$$z=\frac{50+j50}{50}=1+j1 \qquad (2.28)$$

因此，可在 $r=1$ 等阻抗圆与 $x=+j1$ 等电抗圆的交点，即在图 2.18 中的Ⓔ点描绘出 $Z=50+j50\Omega$ 的情形。

2.6.3 元件与传输线路的增加以及史密斯图上的阻抗轨迹

在输入阻抗为 $Z_{in}=R_{in}+jX_{in}$ 电路的输入端，并联或串联电阻、电容、电感等元件时，试考察一下史密斯图上的点是如何移动的。

1. 增加与 Z_{in} 串联元件时

① 电阻 R。如图 2.19(a)所示，在等电抗圆上移动到 Z_{inR}。

② 电感 L。如图 2.19(b)所示，在等阻抗圆上以电抗增加的方向（顺时针方向）移动到 Z_{inL}。

③ 电容 C。如图 2.19(b)所示，在等阻抗圆上以电抗减少的方向（逆时针方向）移动到 Z_{inC}。

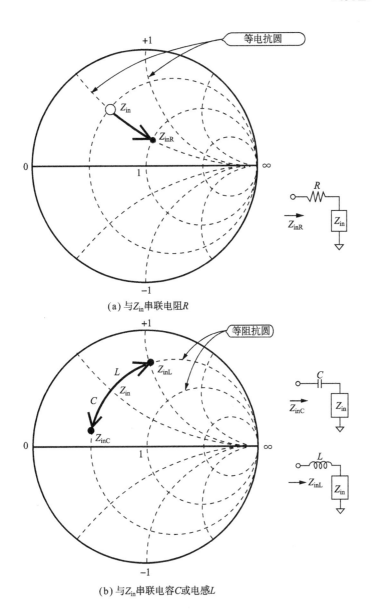

图 2.19 与 Z_{in} 串联元件时的轨迹

2. 增加与 Z_{in} 并联元件时

并联时,可利用工作容易理解的导纳图(后面介绍)。

① 电阻 R。如图 2.20(a)所示,在等电纳圆上移动。

② 电感 L。如图 2.20(b)所示,在等导圆上以电纳减少的方向(逆时针方向)移动。

③ 电容 C。如图 2.20(b)所示,在等电导圆上以电纳增加的方向(顺时针方向)移动。

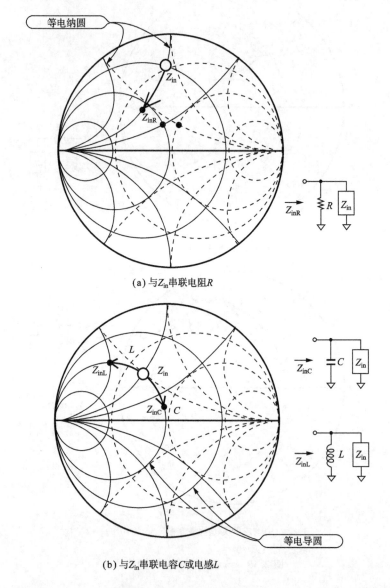

(a) 与 Z_{in} 串联电阻 R

(b) 与 Z_{in} 串联电容 C 或电感 L

图 2.20　与 Z_{in} 并联元件时的轨迹

3. 在 Z_{in} 中增加 Z_0 的传输线时

在电路的输入端接入特性阻抗为 Z_0 的传输线时,试考察一下,Z_{in} 在史密斯图上如何移动。

假设接入电气长度 θ(长度÷波长×360°)的传输线。如图 2.21 所示那样,将距中心的距离仍保持一定,以顺时针方向旋转 2θ。由于用史密斯图能观察反射特性,因此,信号在入射与反射时,都 2 次通过传输线。这样以所接入的传输线的电气长度 2 倍角度,即 2θ 进行旋转。由于传输线无反射,因此反射系数 γ 不变,只是相位发生变化。

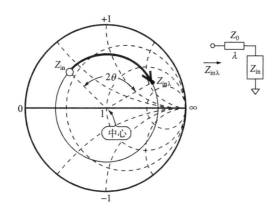

图 2.21 在 Z_{in} 中串联传输线时的轨迹

这样,若使用史密斯图,由于能增加元件和传输线并获得反射量,因此,可以设计用适当元件和传输线构成的匹配电路。

某阻抗与特性阻抗进行匹配时,在史密斯图上其移动路径为无限多,但用惯了史密斯图,就能逐渐理解哪种匹配电路较适应。只要观察一下,史密斯图上描绘的阻抗轨迹,其移动路径与匹配电路的构成就会浮现在脑海中。

 专 栏

导纳图和导抗图的灵活运用

史密斯图是将阻抗和反射系数的关系以图表形式化的图,因此,适用于串联电路(元件)的处理。另外,处理并联电路(元件)时,采用导纳的方式比较简单。

图 2.B 是将导纳和反射系数的关系以图表形式化的图,称为导纳图。这是将用 $Y_{in}=G+jB$ 表示的电导 G 与电纳 B 进行规格化而加以描绘的。史密斯图是用 Z_0 进行规格化,但导纳图是用 $Y_0=1/Z_0$ 进行规格化,因此,上下左右颠倒了。导纳图(图 2.C)是将史密斯图和导纳图重合画在一起的图。进行同时处理串联电路(元件)和并联电路(元件)时也非常方便。

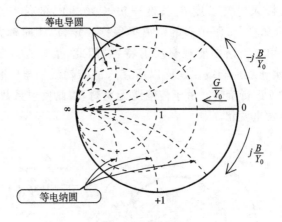

图 2.B 导纳图

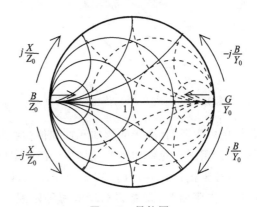

图 2.C 导抗图

2.7 高效率地传输高频信号的技术——匹配

在高频电路中,几乎不能像低频电路那样测量电压与电流。其原因是为了测量电压,要将探头等接触到印制图案上,这时探头就具有如截线那样的功能,使电路构成发生变化。另外,即使不接触,只要靠近印制图案,其周围电磁场发生变化,从而使电路的本来特性改变。因此,需要采用取代电压或电流的量测量,并评价高频电路中的量。

在高频领域中也能稳定且正确测量的量是功率。电路的输入功率与输出功率密切相关,可将电路网络作为黑匣子进行处理。

　　由于高频电路中考虑的是功率的传输,因此,重要的是无损耗且能有效地传输功率。为此,在高频电路中,电路间的阻抗匹配也非常重要。毫不夸张地说它是高频电路设计的基本技术。在高频电路中,若无特别说明,特性阻抗 Z_0 是以 50Ω 作为基准。对于具有输出输入端子的电路,若说是"输出输入取得匹配",这意味着输出输入阻抗设定为 50Ω。

2.7.1 禁止使用电阻取得匹配

1. "50Ω 匹配"的含义

　　假定有某频率时输入阻抗 Z_{in} 为 20Ω 的电路 A。"将电路 A 与 50Ω 匹配"的含义是什么呢?

　　所谓"与 50Ω 匹配",是指"从外部看电路 A 的输入时,为了使阻抗变为 50Ω,增加某些电路并进行调整,使其取得匹配"的意思。

　　若是熟悉高频电路的人,如图 2.22 所示,马上想到的是"串联接入电感 L,然后,并联接入电容 C,使其具有史密斯图上 50Ω 的点"的情形。

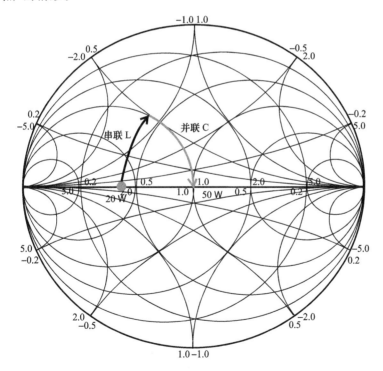

图 2.22 $Z_{in}=20\Omega$ 电路与 $Z_0=50\Omega$ 同轴电缆进行匹配的情形

然而,"只理解低频电路,而对高频电路稍难对付……"的人对此经常看错。

2. 尽量减小匹配时的损耗

有位客户提出了所设计的接收装置样品的如下条件。

*

作者:由于接收装置的天线输入特性阻抗设计为50Ω,因此天线输入端连接的天线也应与50Ω进行匹配。

过了几天以后……

客户:接收单个模块特性的评价,得到与检查表中值大致相同的结果,但连接上天线进行通讯实验时,则完全不能确保通讯距离。

作者:天线与50Ω取得了匹配吗?

客户:由于天线的输入阻抗为20Ω,因此,天线与接收模块之间要接30Ω的电阻。

作者:原来如此?

*

从接收模块看天线侧的输入阻抗或许为50Ω。然而,这里却出现了很大的错误。

在高频电路中,为了高效率传输功率,阻抗匹配也非常重要。然而,匹配电阻要消耗功率,因此降低了效率。

在高频电路中,为了抑制放大器的异常振荡使其稳定工作,使用了电阻,但取得电路间的匹配时不使用电阻。

2.7.2 阻抗匹配实例1

以下,说明不使用电阻进行阻抗匹配的方法。

1. 例 题

试求出图2.23所示的电阻(10Ω)和电感(10nH)的串联电路与匹配电路,频率为1GHz。

该电路中,1GHz时输入阻抗 Z_{in} 为 $Z_{in}=10+j62.8(\Omega)$。设50Ω规格化的阻抗为 Z_A,则有 $Z_A=0.2+j1.26$。

假设50Ω规格化导纳为 y_A,则有 $y_A=0.12-j0.78$。

2. 使用导抗图

在匹配电路中,使用串联元件和并联元件。因此,使用史密斯图和导纳图重合画在一起的导抗图非常方便。

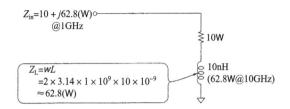

图 2.23 例题电路"这种电路的匹配电路为何"

3. Ⓐ点向Ⓑ点移动

在图 2.24 所示图中,把规格化阻抗 z_A 作为图中一点(Ⓐ点)。若将该点沿着等电导圆移动,就会遇到通过图中心的等电阻圆。

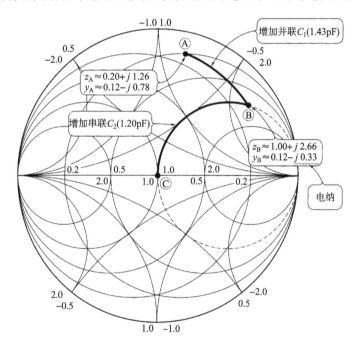

图 2.24 增加电容时阻抗变化情况

若从图中读取接触点(Ⓑ点)的阻抗 Z_B 和导纳 Y_B,则得到的结果如下:

$$Z_B = 1 + j2.66, \quad Y_B = 0.12 - j0.33$$

(1)并联电容

从Ⓐ点移向Ⓑ点时,若注意 z 和 y 值的变化,则 z 为实部和虚部两者的变化,但 y 只是虚部变化。

可以根据 y 的虚部变化决定匹配电路的形式。

仅根据 y 的虚部变化可知,不是串联元件而是并联元件。另外,根据电纳(虚部)变化为正可知,该元件为电容。沿着等电导圆移动可知这一切。

(2) 计算电容量

试求出Ⓐ点向Ⓑ点移动时需要的电容量 C_1。规格化的虚部变化量为 0.45,因此,下式可求出 $C_1 \approx 1.43\text{pF}$。

$$C_1 = \frac{0.45}{50 \times 2\pi f} \approx 1.43(\text{pF}) \tag{2.29}$$

4. Ⓑ点向Ⓒ点移动

其次,该点沿着通过中心的等电阻圆移动到图的中心点(Ⓒ点)。由于图的中心点为 $Z_C = 1.0 + j0, y_C = 1.0 + j0$,因此,移动到中心点时,$Z_C$ 只是虚部变化,而 y_C 是实部和虚部两者都变化。

(1) 串联电容

由只是虚部变化可知,需要串联元件。

由电抗成分负向变化可知,其元件仍是电容,沿着等电阻圆移动就可知晓。

(2) 计算电容量

试求出Ⓑ点向Ⓒ点移动时需要的电容量 C_2。虚部(规格化电抗成分)的变化量为 2.66。因此,根据下式可求出 $C_2 \approx 1.20\text{pF}$。

$$C_2 = \frac{1}{2.66 \times 50 \times 2\pi f} \approx 1.20(\text{pF}) \tag{2.30}$$

最后,得到图 2.25 所示的匹配电路。

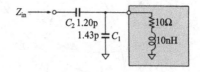

图 2.25 得到的匹配电路

2.7.3 阻抗匹配实例 2

1. "串联电容＋并联电感"进行的阻抗匹配

使用图 2.26 进行说明。

在图的上方,所描绘的Ⓐ点沿着等电阻圆移动,移动到与通过中心的等电导圆的交点Ⓑ而保持下去。

再沿着等电导圆移动至中心而保持下去。

元件值的求法与上述一样。移动所需的各元件值如下。

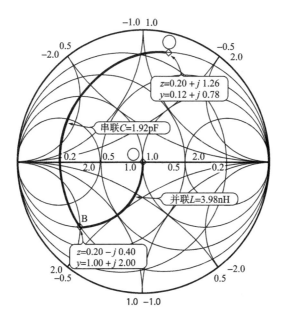

图 2.26 "串联电容＋并联电感"进行的阻抗匹配

（1）串联电容

$$C=\frac{1}{50\times2\pi f\times1.66}\approx1.92(\text{pF}) \tag{2.31}$$

（2）并联电感

$$L=\frac{1}{2\pi f\times\left(\dfrac{2}{50}\right)}\approx3.98(\text{nH}) \tag{2.32}$$

2. "并联电容＋串联电感"进行的阻抗匹配

请参看图 2.27。

在图的上方，所描绘的Ⓐ点沿着等电导圆移动，移动到与通过中心等电阻圆的交点Ⓑ而保持下去。

再沿着等电阻圆移动至中心而保持下去。

各元件值如下。

（1）并联电容

$$C=\frac{1.11}{50\times2\pi f}\approx3.53(\text{pF}) \tag{2.33}$$

（2）串联电感

$$L=\frac{2.66\times50}{2\pi f}\approx21.2(\text{nH}) \tag{2.34}$$

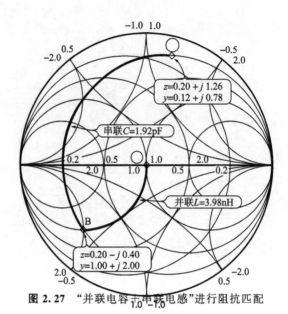

图 2.27 "并联电容+串联电感"进行阻抗匹配

3. "串联 50Ω 传输线+串联电容"进行的阻抗匹配请参看图 2.28。

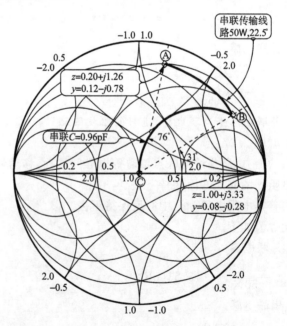

图 2.28 "串联 50Ω 传输线+串联电容"进行阻抗匹配

求出连接图中心与所描绘的Ⓐ点的直线延长线跟图外圆周的交点,读取此处所表示的角度约为 76°。

其次,求出通过Ⓐ点以图中心Ⓒ点为中心的圆跟通过Ⓒ点的等电阻圆的交点Ⓑ。然后,读取连结Ⓒ点和Ⓑ点直线的延长线跟图外圆周交点的角度,该角度约为 31°。因此,角度变化约为 45°。

由于有反射,因此,往返加在一起通过两次,该旋转所需要传输线的电气角度为其一半,即 22.5°。

然后沿着等电阻圆移动到中心而保持下去。

电气角度为移动所需要的各元件值如下:

(1)串联 50Ω 传输线

电气角度 22.5°。

(2)串联电容

$$C=\frac{1}{50\times 2\pi f\times 3.33}\approx 0.96(\text{pF}) \tag{2.35}$$

4."串联 50Ω 传输线+串联电感"进行的阻抗匹配

请参看图 2.29。

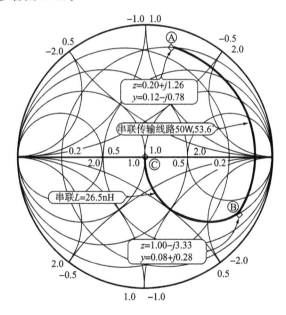

图 2.29 "串联 50Ω 传输线+串联电感"进行的阻抗匹配

这是上述的"并联电容+串联电感"进行的阻抗匹配,跟"串联 50Ω 传输线+串联电感"进行的阻抗匹配的组合形式图。

（1）串联 50Ω 传输线

电气角度为 53.6°。

（2）串联电感

$$L = \frac{3.33 \times 50}{2\pi f} \approx 26.5 (\text{nH}) \tag{2.36}$$

2.7.4 匹配电路构成的不同造成输入阻抗特性的差异

试通过仿真比较一下图 2.30 所示的各匹配电路的特性。图 2.31～图 2.34 示出输入阻抗特性的仿真分析结果。

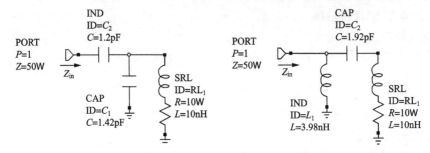

(a) 匹配电路①(串联电容+并联电容)　　　(b) 匹配电路②(串联电容+并联电感)

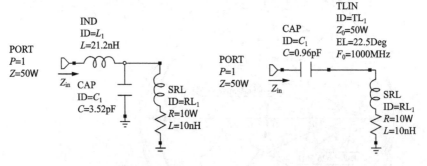

(c) 匹配电路③(并联电容+串联电感)　　　(d) 匹配电路④(串联50W传输线+串联电容)

图 2.30 例题电路（图 2.23）的匹配电路实例

从比较各匹配电路的频率特性看,输入阻抗特性完全不同,反射损耗特性的差异不大。

在阻抗特性图中,示出了Ⓐ点(0.95GHz)、Ⓑ点(1GHz)、Ⓒ点(1.05GHz)的三种频率输入阻抗。

1. 匹配电路①

Ⓐ点位于史密斯图的下半部分,电抗成分为负,即位于电容性

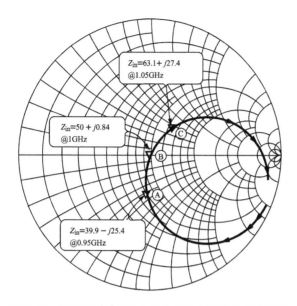

图 2.31 匹配电路①(图 2.30(a))输入阻抗的频率特性

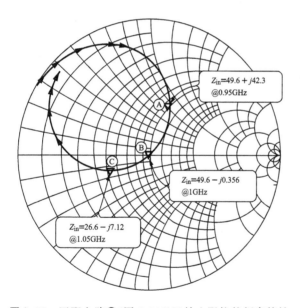

图 2.32 匹配电路②(图 2.30(b))输入阻抗的频率特性

领域。Ⓒ点位于史密斯图的上半部分,电抗成分为正,即位于电感性领域。

以Ⓑ点为界,电抗成分的极性改变,频率越高其电阻成分越大。

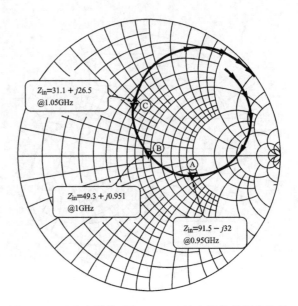

图 2.33 匹配电路③（图 2.30(c)）输入阻抗的频率特性

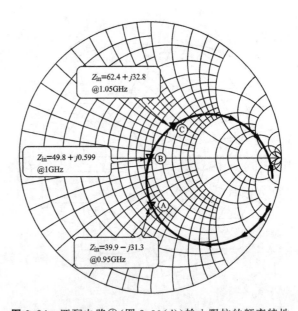

图 2.34 匹配电路④（图 2.30(d)）输入阻抗的频率特性

2. 匹配电路②

Ⓐ点位于电感性领域，Ⓒ点稍位于电容性领域。以Ⓑ点为界，电抗成分的极性改变。

电阻成分在Ⓐ点和Ⓑ点的中间最大，偏离此处变小。

　3．匹配电路③

　ⒶA点位于电容性领域,ⒸC点位于电感性领域与电路①一样,以ⒷB点为界,电抗成分的极性改变。

　在ⒷB点以上,电阻成分随频率增高而变小。在ⒷB点以下,一旦变大后逐渐减小。

　4．匹配电路④

　特性与①的电路大致相同。

＊

　ⒷB点的阻抗特性对于任何电路都无差异,但在其前后的频率范围内,由于匹配电路的构成不同,可以看到阻抗特性有很大差异。

　通常,只在某 1 点的频率不能取得匹配。一般情况下,要求在某频带内取得阻抗匹配,因此匹配电路的构成非常重要。

2.7.5　使用实际元件的匹配电路

　1．几乎无法计算出来常数的元件

　在目前通过仿真设计的匹配电路中,可忽视之处是构成匹配

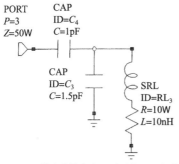

(a) 将电容值变为E6系列的匹配电路⑤

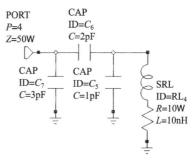

(b) 使用3个元件的匹配电路⑥

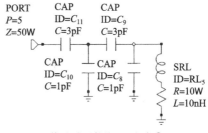

(c) 使用4个元件的匹配电路⑦

图 2.35　理想匹配电路与实际匹配电路

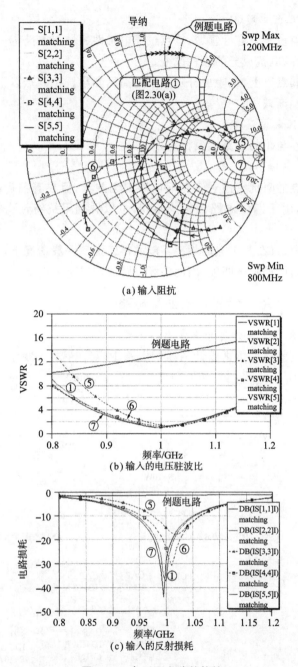

(a) 输入阻抗

(b) 输入的电压驻波比

(c) 输入的反射损耗

图 2.36 各匹配电路的特性

电路元件的常数。

实际电路中使用的元件值为 1.0、1.1、1.2、1.3、1.5、1.6、

1.8、2.0、2.2,一般是不连续。认为最好使用像微调电容那样其值可调的元件,但必须尽量减少工时多的调整作业。

实际上,只用这些不连续值的两个元件(标准品)进行组合是无法构成完整的匹配电路的。为了得到所需必要的常数元件,要将多个元件组合并进行调整。

2. 实际的匹配电路

图 2.35 示出几个"串联 C + 并联 C"的匹配电路

(1)电路⑤(图 2.35(a))

将元件值变为 E6 系列常数的电路。

(2)电路⑥(图 2.35(b))

用容易取得的元件常数所设计的 3 个元件的匹配电路。

(3)电路⑦(图 2.35(c))

4 个元件的匹配电路。

图 2.36(a)示出输入阻抗特性,图 2.36(b)示出输入电压驻波比,图 2.36(c)示出输入的反射损耗特性。

3. 阻抗匹配特性

由图 2.36(a)可知,电路⑤是不完善的阻抗匹配。增加 1 个元件的电路⑥也稍有失配,但比电路⑤有较大改善。

进一步增加元件数目,即用 4 个元件的电路⑦方案,可得到接近理想电路①的特性。

这样,只要将史密斯图上的移动情况记住,也就不用担心元件数目的增加。

2.8 实际无源元件的高频阻抗

1. 理想特性与实际的差异

到目前为止的说明中,无源元件是作为具有理想阻抗特性的元件使用的。然而,实际匹配电路的设计与调整时,必须考虑匹配电路中使用的无源元件的频率特性。

例如,容量 $C(\mathrm{F})$ 的电容,假定在全频率范围内,阻抗特性以一定斜率($1/C$)单调减小,如下式所示:

$$Z_C = \frac{1}{j\omega C} \tag{2.37}$$

另外,对于电感 L,假定

$$Z_L = j\omega L \qquad (2.38)$$

然而,实际元件的阻抗频率特性不是单调增减的。

(1) 电容变为电感,电感变为电容

在单片电感与电容的电气特性一栏中,记载了"自谐振频率 (self-resonant frequency)"一项。

对于实际的元件,一定具有因寄生电容、导线及电极等构造引起的电抗成分,必定在某频率处产生谐振。说到元件产生谐振,这意味着元件为电容的话,则具有感抗成分,若元件为电感的话,则具有容抗成分。

对于电容,在自谐振频率以下其阻抗的电抗成分变负,具有电容的功能。而对于电感,在自谐振频率以下其阻抗的电抗成分变正,具有电感的功能。

但是,在自谐振频率以上,电容的电抗成分变正,电感的电抗成分变负。

另外,越趋近自谐振频率,元件的阻抗值越偏离标称值。

(2) 实际电容与电感的高频等效电路

根据以上叙述,实际电容与电感的高频等效电路参见图 2.37。

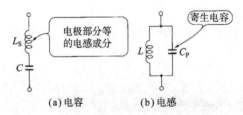

(a)电容　　　　(b)电感

图 2.37 电容与电感的高频等效电路

图中 L_S 和 C_P 可根据元件目录中从谐振频率中求出。

2. 实际电感的阻抗频率特性

试求出单片电感的阻抗频率特性。

电感是太阳诱电制的高频叠层单片电感 HK1608 27N(27nH)。自谐振频率 f_{SRF} 为 2200MHz$_{typ}$。

(1) 寄生电容 C_P 的求法

求出图 2.37(b)的等效电路中并联电容 C_P,试通过仿真分析一下频率特性。由下式求出 C_P。

$$C_P = \frac{1}{(2\pi f_{SRF})^2 L} = \frac{1}{(2\pi \times 2200 \times 10^6)^2 \times 27 \times 10^{-9}}$$
$$\approx 0.1938(\text{pF}) \tag{2.39}$$

（2）阻抗频率特性的仿真分析

图 2.38 是仿真电路，图 2.39 是频率特性的分析结果。

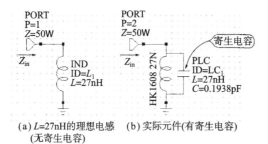

（a）$L=27\text{nH}$ 的理想电感　（b）实际元件（有寄生电容）
（无寄生电容）

图 2.38 分析电感的阻抗频率特性的仿真电路

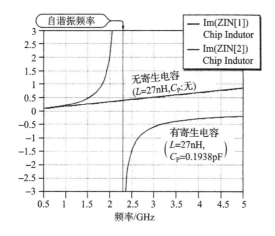

图 2.39 电感具有寄生电容时电抗成分的频率特性

自谐振频率外阻抗为无限大，谐振频率的前后，电抗成分的极性反转。由此可知，在自谐振频率以下，电抗成分为正，元件具有电感功能，在自谐振频率以上，电抗成分为负，元件具有电容功能。

（3）用史密斯图确认电抗的极性

试用史密斯图观察图 2.39 所确认的电抗极性反转的情况。

图 2.40 示出元件有寄生电容时其输入阻抗特性。若元件的阻抗为电感性，则描绘在史密斯图的上半部分；若是电容性，则描绘在史密斯图的下半部分。由该图可知，在自谐振频率（2.2GHz）

处,示出特大阻抗。以此点为界,电抗成分的极性发生改变。

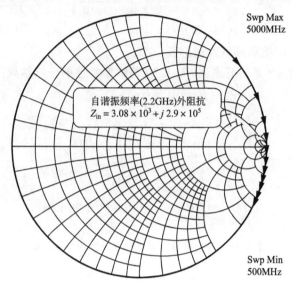

图 2.40 有寄生电容时电感的阻抗频率特性

2.9 能发挥高频电路性能的印制基板的设计

2.9.1 高频电路用印制基板的基础知识

试作使用微带线那样平面电路的高频电路时,当然要用基板。那么,以什么基准去选择呢?

1. 介电常数或介质损耗角正切小的基板高频损耗少

在基板的目录中,记载有各种特性。表 2.2 示出高频用基板 25N(Arlon 公司)的特性。为了进行比较,表中也示出了玻璃环氧基板 FR-4 的特性。

在表 2.2 所示的各种特性中,特别重要的是最初部分所记载的介电常数与介质损耗角正切。介电常数决定分布常数线路的尺寸,介电常数主要是微带线,包括计算各种传输线所必要的参数。表 2.2 中虽无记载,但一般的陶瓷基板的介电常数为 10 左右。

介质损耗角正切的值越小,传输线的损耗越小。传输线的损耗可分为导体部分的损耗与介质部分的损失,与介质损耗角正切有关的是介质部分的损耗。

表 2.2 高频电路用基板 25N 与玻璃环氧基板 FR-4 的电气特性

项 目		25N 典型值	FR-4 典型值	单 位
介电常数 ε_r@10 GHz		3.38	4.5	—
介电正切 tanδ@10 GHz		0.0025	0.03	—
介电常数的温度系数		—87	—	ppm/℃
体积阻抗		1.98×10^9	—	MΩ·cm
表面阻抗		4.42×10^8	—	MΩ
拉伸强度		1.113	—	kg/cm²
弯曲强度		2.125	—	kg/cm²
密度		1.7	1.8	g/cm³
吸水率		0.09	0.1	%
热膨胀系数	X 轴	15	17	ppm/℃
	Y 轴	15	17	(注:1ppm 等于
	Z 轴	52	60	10^{-6})
热传导率		0.4	0.25	W/mk
NASA 气体排出 试验再吸水量比	质量损耗	0.17	—	%
	再凝缩部质比	0.01	—	
	0.02	—		

2. 高频波专用的基板是低损失、特性偏差小

若用厚度 1mm 的基板 25N 制作长度 1cm 的 50Ω 线路,可以得到图 2.41(a) 所示的损耗频带特性。若用导体为铜而厚度为 18μm 的基板。同样可以得到图 2.41(b)所示 FR-4 损耗的频率特性。

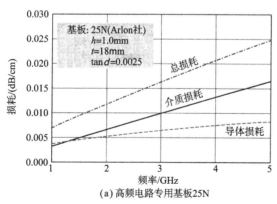

(a) 高频电路专用基板 25N

图 2.41 高频电路专用基板与玻璃环氧基板的 每 1cm 微带线的损耗频率特性

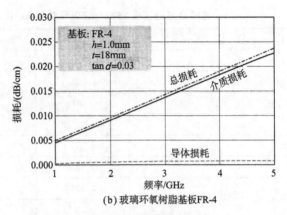

(b) 玻璃环氧树脂基板FR-4

**图 2.41　高频电路专用基板与玻璃环氧基板的
每 1cm 微带线的损耗频率特性(续)**

即便为 0.025dB/cm@5 GHz 时,25N 也示出了非常低的总损耗特性,但对于 FR-4 0.237dB/cm@5GHz 时也示出非常大的值。对于 GHz 频带的高频电路,由此可知使用高频专用基板的理由。

高频电路专用基板是使介电常数等各种特性偏差小那样制造的,因此,可放心使用。

2.9.2　印制图案的精度与特性阻抗的偏差

1. 用电路仿真器进行检验

在图 2.42 中,使用微波电路仿真器附件的传输线计算工具,根据印制图案宽度的偏差研究特性阻抗的变化程度。基板的参数如下:

- 介电常数:3.25
- tanδ:0.001
- 基板厚度:0.8mm
- 导体厚度:18μm
- 导体材料:铜

首先,在这种基板上,若求出 2.4GHz 时特性阻抗为 50Ω 的印制图案宽度 W,则得到 W 如图 2.42 所示,即

$$W = 1.9028\text{mm}$$

- 刻蚀得到的印制图案宽度的偏差为 ±8μm

实际制作基板时,对图案精度影响最大的是刻蚀精度。由于刻蚀偏差由所使用基板导体的厚度所决定,因此,对于上述基板,可知偏差为 ±18μm 左右。

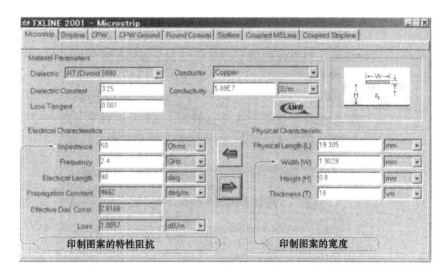

图 2.42 微波电路仿真器的附件传输线计算工具的设定画面

(使用 Microwave 2000,Applied Wave Research 公司的伺服器网络系统(株))

2. 对传输线特性阻抗的影响

(1)±18μm 的偏差

印制图案宽度偏离设计值±18μm 时,试考察一下特性阻抗的
变化程度。

试将 1.9208mm(等于 1.9028mm+18μm)和 1.8848mm(等
于 1.9028mm−18μm)代入图 2.42 线宽的设定栏。这样,印制图
案的特性阻抗计算如下:

① $W=1.9208$mm 时,特性阻抗为 49.705Ω。

② $W=1.8848$mm 时,特性阻抗为 50.298Ω。

特性阻抗的变化量约为±0.3Ω,即约为 0.6%。大家是否想
到特性阻抗的这种偏差?是否认为没问题?是否能容忍?

(2)±100μm 的偏差

试考察一下±0.1mm 的更大偏差时,特性阻抗的变化程度。

① $W=2.0028$mm 时,特性阻抗为 48.410Ω。

② $W=1.8028$mm 时,特性阻抗为 51.705Ω。

特性阻抗约变化 3%。这种偏差如何呢?

3. 对电压驻波的影响

试考察一下印制图案宽度为①、②、③、④,仅由长度 20mm 线
构成电路的输入 VSWR@2.4GHz 时,其情况如下:

①为 1.0118;②为 1.0119;③为 1.0665;④为 1.0691。

由其结果可知,即使印制图案宽度的偏差为±5％左右,对于特性阻抗与电压驻波比(VSWR)的影响小,若只考虑传输线是没有问题的。

若用小刀手刻制作基板,可以得到一定程度特性其理由在此。

这些结果毕竟只是传输线的场合,看到的只是特性阻抗的变化情况。在滤波器等场合,有时要求严格的尺寸精度。

2.9.3 印制图案“弯曲”对特性阻抗的影响

一般来说,低频电路设计时,只要将元件进行电气连接,很多情况下工作是没有问题的。然而,对于高频电路,印制图案也必须作为一个元件来考虑,稍麻烦些。

1. 图案弯曲,特性阻抗就会变化

由于多是决定基板的外形,因此在规定的范围内,要求基板能容纳下元件与印制图案。这样,配置传输线时,有时需要弯曲印制图案。实际上,这种“弯曲”会影响电路的特性,试通过仿真确认一下这种情况。

使用介电常数为 3.25、厚度为 0.8mm 的基板,假设阻抗 50Ω@2.4GHz 的印制图案。2.4GHz 时阻抗为 50Ω,其图案宽度约为 1.9mm。

图 2.44(a)示出图 2.43 所示的 3 种印制图案输入电压驻波比 VSWR。另外,图 2.44(b)示出如图 2.43 所示那样弯曲型①～③每两个连接时输入 VSWR。

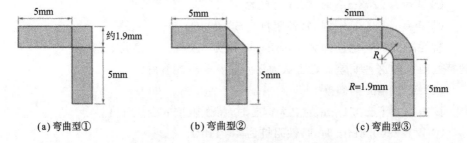

(a)弯曲型①   (b)弯曲型②   (c)弯曲型③

图 2.43 一个弯曲部分的 3 种印制图案

2. 经常使用的是弯曲型②或⑤

对于弯曲部分为棱角的弯曲型①,频率越高其 VSWR 越急剧恶化。

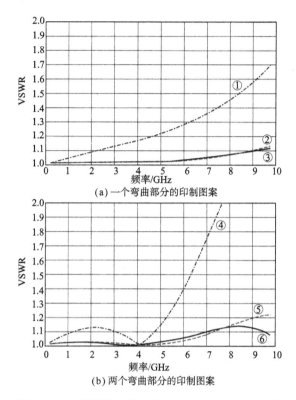

(a) 一个弯曲部分的印制图案

(b) 两个弯曲部分的印制图案

图 2.44 印制图案的弯曲状态与 VSWR 的频率特性

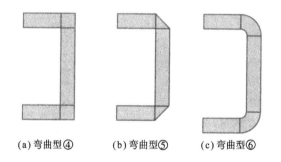

(a) 弯曲型④　　(b) 弯曲型⑤　　(c) 弯曲型⑥

图 2.45 两个弯曲部分的 3 种印制图案

弯曲型②只是斜切掉弯曲型①图案角的形式,但 VSWR 特性得到了改善,简直看不出来其影响。

弯曲型③也是圆滑的连接形式,可以得到良好的特性。

VSWR 最佳的印制图案是描绘成大半径圆的弯曲型(③),但空间效率差不实用。一般来说,经常使用弯曲型②或⑤。

2.9.4 邻近接地图案对信号图案的影响

1. 接地图案中挟有微带线的阻抗

微带线的背面为最佳接地,表面为传输线图案,图 2.46 所示的构造图刊载在各种图书中。然而,实际上对于大部分高频印制基板,接地图案而不是在传输线的两侧,这些印制图案彼此影响。

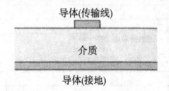

图 2.46 一般书中常记载的微带线的构造

曾有一种说法"若信号图案与两侧接地图案的间隔约为信号图案的宽度,则对传输线的特性无大影响",这是真的吗?

2. 通过仿真进行分析

现在,有称为电磁场仿真器的便利工具。利用这种工具,可根据间隔的大小通过仿真分析微带线输入阻抗 Z_{in} 的变化。

(1) 两侧无接地时

图 2.47(a)示出在信号图案的两侧无接地图案时,仿真用的微带线。基板的介电系数设定为 3.25,图案宽度设定为 2.0mm,基板的厚度设定为 0.845mm,并准备好 2.4GHz 时特性阻抗为 50Ω

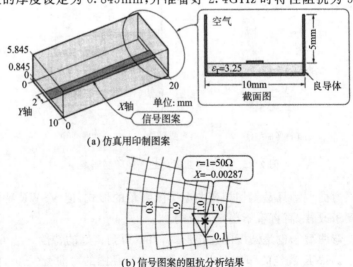

(a) 仿真用印制图案

(b) 信号图案的阻抗分析结果

图 2.47 信号图案两侧无图案时的信号图案阻抗分析

的印制图案。

图 2.47(b)示出 2.4GHz 时输入阻抗的分析结果。可以得到设定那样的 $r=1$,即 $Z_{in}=50\Omega$ 的结果。

(2)两侧有接地时

以此为基准,在信号图案的两侧,配置接地图案,一面对与信号图案的间隔变化为 2.0mm、1.0mm、0.5mm,一面进行仿真。在接地图案部分,为了再现接近实际图案的状态,配置 0.5mm 的方形孔。

图 2.48～图 2.50 示出仿真结果。

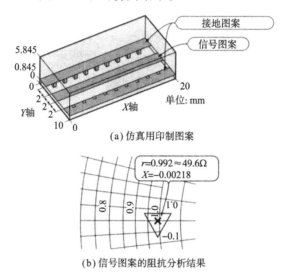

(a)仿真用印制图案

(b)信号图案的阻抗分析结果

图 2.48 信号图案与接地图案间的间隔为 2mm 时阻抗分析

3. 信号图案与两侧接地的间隔约为信号图案宽度时,可得到通过计算所得出的传输线的特性

由图 2.48 可知,增加到与信号图案宽度相同的 2.0mm 间隔时输入阻抗为:

$$Z_{in}=50r=50\times0.992\approx49.6(\Omega) \qquad (2.40)$$

稍有变少(约 0.8%)。同样,1.0mm 间隔时,得到 $Z_{in}\approx$ 47.4Ω、0.5mm 间隔时,得到 $Z_{in}\approx42.5\Omega$。

由上述可知,在信号图案与邻近接地图案之间,若增加到与信号图案宽度相同的间隔,则对于信号图案阻抗的影响极小。

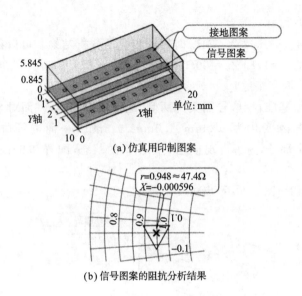

(b) 信号图案的阻抗分析结果

图 2.49 信号图案与接地图案间的间隔为 1mm 时，
信号图案的阻抗分析

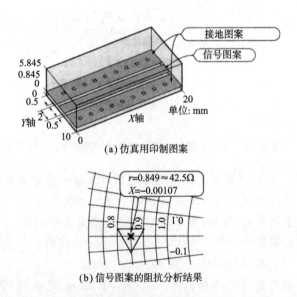

(b) 信号图案的阻抗分析结果

图 2.50 信号图案与接地图案间的间隔为 0.5mm 时，
信号图案的阻抗分析

2.9.5　邻近信号图案的耦合会彼此影响

1. 模拟电路中,印制图案设计的好坏决定其性能

对于数字电路,各信号线上传输信号的电压振幅大致相等,对噪声的裕量也很大,因此不会意识到印制图案的间隔等。实际上,只要观察一下数字电路的印制基板,多条信号线为平行排列。

然而,对于处理微弱信号的很多模拟电路,有时电路间的信号电平有较大差异。此时,需要分别描绘出信号电平不同的印制图案,不能像数字电路那样轻易地描绘出印制图案。

2. 印制图案的间隔与彼此的耦合度

(1) 仿真条件

那么,利用微带线的高频电路时情形又如何呢? 在彼此邻近的 2 条微带线间,其耦合程度如何呢? 试用电磁场仿真器进行分析。

设基板的介电系数为 3.25,图案宽度设定为 2.0mm,基板厚度设定为 0.845mm,使其 2.4GHz 时特性阻抗为 50Ω。

平行配置 2 条长度为 20mm 的微带线,一面改变其间隔,一面分析线间耦合度的变化情况。在分析区域的上部不用导体覆盖,而是收容在无盖的完全导体盒内的状态。线间隔为 0.5mm、1.5mm、2.5mm、3.5mm 时,在 500MHz～10GHz 的频率范围内,步进频率为 500MHz 时进行仿真分析。

(2) 仿真结果

图 2.51 示出分析用印制图案,图 2.52 示出分析结果。

S_{21} 表示端口 1 到端口 2 的传输特性。S_{31} 和 S_{41} 分别表示端口 1 到端口 3,端口 1 到端口 4 的传输特性。

其特征是 S_{31} 为山形频率特性。这是由于长度 20mm 的微带线在 2.3GHz 附近时变为 1/4 波长,在 7GHz 附近变为 3/4 波长所产生的现象。有效利用这种耦合的是方向性耦合器(directional coupler)。

由于肉眼看不见空间的耦合情况,因此,需要考虑以下两个方面:

① 有电位差的信号线要尽量分开排列。

② 在印制图案间要接入接地图案。

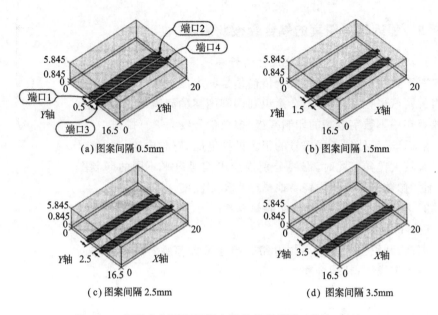

图 2.51　调整印制图案间耦合度的仿真模型（单位：mm）

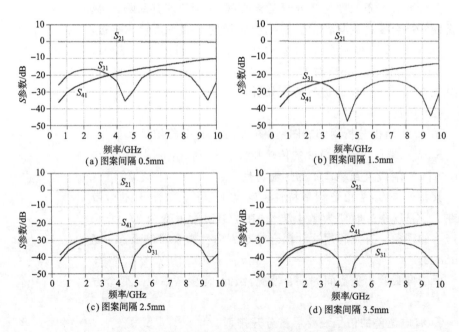

图 2.52　印制图案间的间隔与传输特性（仿真）

第 3 章
开关的设计与制作
——控制信号流的技术

3.1 高频开关的作用与性能

3.1.1 开关的作用

在一般的收发信号系统中,来自天线的输入信号,首先,通过如图 3.1 所示的开关。由图可知,开关也是信号由天线向外发射最后通过的电路。

开关的作用如下:

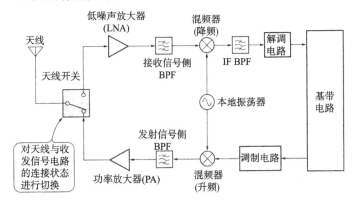

图 3.1 在 2GHz 频带收发信号系统中,开关的作用

(1) 接收信号时

① 将天线与接收信号电路连接起来。

② 为了防止天线进来的信号泄漏到发射信号电路侧,最小限度地抑制衰减,将信号传送到接收信号电路中。

③ 发射信号电路产生的噪声不能通过开关返回到接收信号电路中(图3.2(a))。

（2）发射信号时

① 将发射信号电路与天线连接起来。

② 为了防止发射信号电路送出的信号泄漏到接收信号电路侧，最小限度地抑制衰减，将信号传送到天线中（图 3.2（b））。

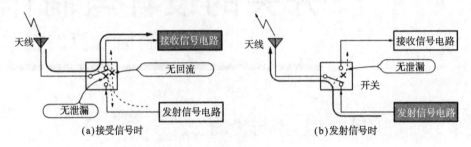

图 3.2 天线开关要求的特性

3.1.2 开关要求的性能

现将开关的性能归纳如下：

① 必须是低接入损耗。

② 必须是高度隔离。

SPDT 开关的接入损耗与隔离度密切相关，即有"泄漏大→传送信号少→接入损耗大"的关系。

重要的是：接收信号时，发射信号电路所产生的各种噪声不能通过控制收发信号电路的触点开关，返回到接收信号电路中。

③ 必须是开关速度很快。

④ 必须是各端子的电压驻波比 VSWR 很低。

所谓 VSWR(Voltage Standing Wave Ratio)是指由于阻抗不匹配，在传输线上所产生反射波的电压振幅的波峰与波谷之比。若 VSWR 特性不佳，就会由于开关所连接各电路之间的不匹配而产生较大的接入损耗。

⑤ 必须能承受较大功率。

特别是发射信号电路侧要求承受较大功率。

1. 开关损耗对系统噪声性能的影响

（1）接收信号时

如图 3.1 所示，接收信号时，天线接收到的信号通过开关，传送至低噪声放大器 LNA(Low Noise Amplifier)。LNA 的作用是在天线接收到的微弱信号中尽量不增加噪声，而将信号进行放大。

　　LNA 与天线间的主要损耗对噪声指数影响最大。即使使用噪声指数极低的 LNA,若这部分损耗较大,则对噪声抑制也没有效果。

　　图 3.3 是求出在 2 级构成的 LNA 之前有损耗时的噪声指数实例。由式(3.1)可知,输入部分的损耗对总体噪声指数有很大影响。

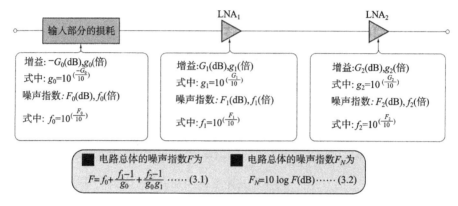

图 3.3 噪声指数的计算实例

（2）发射信号时

　　在图 3.1 中,被 PA(Power Amplifier)放大的信号通过开关传给天线,然后以电波的形式发射出去。这里,在 PA 与天线间产生的损耗对发射信号输出有何影响,试通过简单计算进行认证。

　　假定 PA 的输出为 1W,若计算出损耗与向天线供出的功率 P_{ant} 之间的关系,则可由下式进行计算。

　　① 产生 0.1dB 的损耗时,

　　　　$P_{ant} = 1 \times 10 \approx 0.977(W)$

　　② 产生 0.5dB 的损耗时,

　　　　$P_{ant} = 1 \times 10 \approx 0.891(W)$

　　③ 产生 1.0dB 的损耗时,

　　　　$P_{ant} = 1 \times 10 \approx 0.794(W)$

　　由此结果可知,由于增益的较小降低,造成的功率衰减非常大。例如,由于 0.5dB 的损耗,所输出的功率约降低了 10%。为了补偿损耗所造成功率的降低,必须将输出增大约 10%。

　　一般来说,由于 PA 使用到半导体所具有性能的极限,因此,要进一步增大输出很困难。但是,若尽量将 PA 与天线间的损耗抑制到最低,PA 的设计就很容易。

3.2 开关的种类与选择

1. 机械式与电子式开关

如表 3.1 所示,若按开关的切换方式进行分类,则可分成下列两种:

① 机械式;

② 电子式。

表 3.1 机械式开关与电子式开关的比较

规格　型式	机械式	电子式
形状	大	小
开关速度	慢	快
切换元件	继电器	FET、二极管

若没有形状与开关速度的限制,特性优良的机械式开关较佳。然而,在最近的收发信号电路中,要求轻、薄、短、小型化的开关。另外,还要求收发信号切换的高速性,因此,用半导体的电子式开关。

2. 通用与专用开关

对于数字电路,可由门电路组合而构成简单的开关电路。另外,对于低频模拟电路,由于市场上推出各种开关 IC,因此不必特别去设计开关。

那么,对于高频电路,如何做到最优化呢?

由于以移动电话为主的各种高频装置市场的扩大与开发的促进,最近,推出了在 GHz 频带能大量使用的开关 IC 与开关模块。

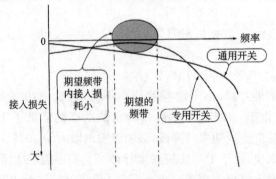

图 3.4 通用开关与专用开关的接入损耗特性实例

但是,这些开关是作为通用设计的开关,因此,有时由于根据所要求的性能不同不能使用这种开关。

例如,如图 3.4 所示,在所期望频带内开关的接入损耗较大。在这种情况下,必须自行设计在期望频带内为最佳化的开关。

3. 单极双掷型与单极单掷型开关

图 3.5(a)所示是有 3 个输入输出端子,对其内的 1 个端子和其他 2 个端子的连接进行切换的单极双掷型开关,也称为 SPDT (Single Pole Double Throw,单极双掷)开关。

相对的,如图 3.5(b)所示,ON/OFF 某传输线的开关称为单极单掷型开关,或 SPST(Single Pole Single Throw,单极单掷)开关。

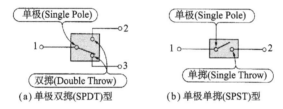

(a) 单极双掷(SPDT)型   (b) 单极单掷(SPST)型

图 3.5 SPDT 开关与 SPST 开关的构造

3.3 高频开关所使用的半导体元件

高频电路中的开关一般使用的半导体元件是 PIN 二极管与 MESFET (Metal Semiconductor Field Effect Transistor)。

3.3.1 PIN 二极管

1. 特 征

所谓 PIN 二极管是哪种二极管呢？由于加上了 PIN,应与普通二极管不同。

实际上,在 PIN 名称中隐含着其不同的含义。通用二极管是由 P 型半导体和 N 型半导体的结合构成的,因此在 P 型半导体和 N 型半导体之间应挟有 I 型半导体。所谓 I 是指 Intrinsic,即表示本征半导体。

图 3.6 示出 PIN 二极管与 PN 结的普通二极管的构成。

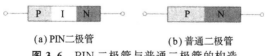

(a) PIN 二极管   (b) 普通二极管

图 3.6 PIN 二极管与普通二极管的构造

2. 基本特性

通用二极管也能对信号流进行 ON/OFF。也就是说，加正方向。偏置时，二极管导通（ON），加反向偏置时，二极管截止（OFF）。

图 3.7 是 PIN 二极管的高频领域等效电路。

施加如图 3.7(a)所示的正向偏置时，其电阻 R_F 如图 3.8 所示，它随着偏置电流 I_F 而变化。由于使直流偏置电流能充分流动，二极管等效为零点几 Ω 至几 Ω 的低阻状态，即 ON 状态。

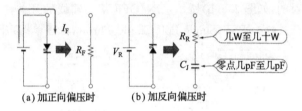

(a) 加正向偏压时 (b) 加反向偏压时

图 3.7 PIN 二极管的等效电路

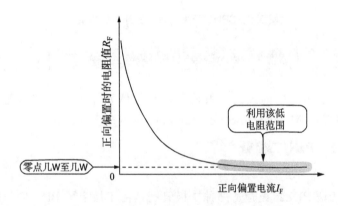

图 3.8 正向偏置电流-正向电阻特性实例

另一方面，如图 3.9 所示，加反向偏压时，电容 C_J 值不随偏压而变化，大致保持一定值（零点几 pF 至几 pF），这为高阻抗，即 OFF 状态。图 3.7(b)中 R_R 的阻值为几 Ω 至几十 Ω。

• 用偏压进行 ON/OFF 控制

PIN 二极管的阻抗会随着高频信号发生变化。而 PIN 二极管可以通过正向/反向偏压的切换控制通过它的高频信号。

能用小的正向偏置电流与低的反向偏置电压对大功率的高频信号进行切换。

凭借 PIN 二极管的构造与特性，也能用几 mA 至几十 mA 的

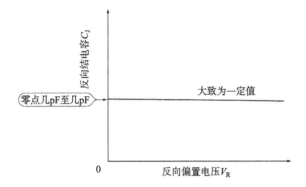

图 3.9 反向偏置电压-反向结电容特性实例

正向偏置电流与几 V 至几十 V 的反向偏置电压,控制几 W 至几百 W 的高频功率。

3.3.2 MESFET

1. **基本特性**

MESFET 的静态特性与电子电路讲义中所介绍的 FET 的静态特性相同。

如图 3.10 所示,在该饱和区,对于 V_{DS} 的变化,漏极-源极间电阻(dV_{DS}/dI_D)非常高,MESFET 处于高阻状态,I_D 几乎不变。

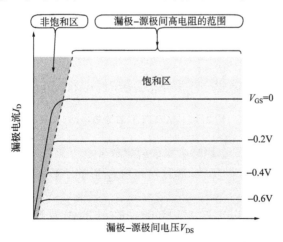

图 3.10 FET 的漏极-源极间电压与漏极电流特性实例

在非饱和区,对于 V_{DS},漏极-源极间阻抗(dV_{DS}/dI_D)处于非常高的状态,比饱和时变得小得多,I_D 的变化量变大。

如图 3.11 所示,该阻值随 V_{GS} 不同而大幅度变化。若利用这种特性,通/断 V_{GS},由此漏极–源极间可用作开关。

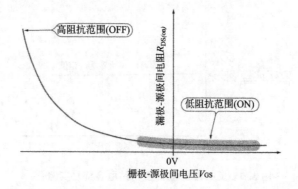

图 3.11 MESFET 的栅极–源极间电压–漏极–源极间阻抗特性

2. 等效电路

图 3.12 是 MESFET 的等效电路。

若 MESFET 的栅极–源极间电压 V_{GS} 为 0V,则栅极–源极间电阻为零点几 Ω～几 Ω,处于低阻状态,即为开关导通(ON)状态。

若施加的电压 V_{GS} 大于夹断电压 V_P,则变成零点几 pF 至几 pF 的电容与零点几 kΩ 电阻的并联电路,即为高阻抗状态,这种状态相当于开关断开(OFF)。

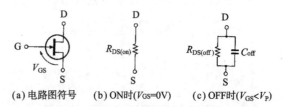

(a) 电路图符号   (b) ON时($V_{GS}=0$V)   (c) OFF时($V_{GS}<V_P$)

图 3.12 MESFET 的等效电路

3. MESFET 与 PIN 二极管的比较

MESFET 有很多种,如日本电气制造的 NE34018、NE38018 等。

表 3.2 示出 PIN 二极管与 MESFET 作为开关时性能的比较。表 3.3 示出内置 MESFET,在 1～2GHz 频带(L 频带)范围内,SPDT 开关用 GaAs MMICμPG132G(日本电气)的电气特性。

表 3.2　PIN 二极管与 MESFET 开关性能的比较

规　格　＼　半导体的种类	PIN 二极管	MESFET
承受功率	大	小
开关速度	慢(μs)	快(ns)
消耗功率	小	极小

表 3.3　1～2GHz 频带范围内 SPDT 开关用 GaAs MMIC μPG132G 的
电气特性($T_A=25℃$)

项　目	符　号	条　件	最　小	标　准	最　大	单　位
接入损耗	L_{ins}	$f=100M\sim2GHz$	—	0.6	1.0	dB
		$f=2.5GHz$	—	0.8[1)	—	
隔离 1	I_{SL}	—	20	22		dB
		$f=2.5GHz$	20[1)	—	—	
输入反射损耗	$L_{R(in)}$	$V_{cont1}=0V$	11	—	—	dB
输出反射损耗	$L_{R(out)}$	$V_{cont2}=+3V$	11	—	—	dB
1dB 增益压缩时输入功率	$P_{in(1dB)}$ [2)	或	27	30	—	dBm
开关速度	t_{SW}	$V_{cont1}=+3V$	—	30	—	ns
控制端子电流	I_{cont}	$V_{cont2}=0V$	—	—	50	μA

1) $f=2.0G\sim2.5GHz$ 时参考特性。

2) $P_{in(1dB)}$ 表示线性区域的接入损耗增加 1dB 时,IC 的输入功率。有关 $P_{in(1dB)}$ 以外的特性项目都是以线性区域规定的。

3.4　PIN 二极管作为开关元件的特性实验

1. 用 PIN 二极管 HVC131 进行实验

表 3.4 所示的是日本国内半导体厂商制造的典型高频开关用 PIN 二极管的特性。当然,由于这是用作移动电话的收发信号的天线开关,因此形状为 1608 型。

根据表 3.4,选择 HVC131,设计 2.4GHz 的开关,并进行实验与评价。

在厂商目录中,由于没有记载 2.4GHz 的特性,因此首先在所使用频带(2.4GHz 左右)中,需要考虑一下 HVC131 有怎样的特性。

表 3.4 二极管的电气特性（$T_A = 25℃$）

（a）日立制造

项　目	符　号	HVC131	HVC132	单　位	测试条件（$T_A = 25℃$）
最大正向电压	V_F	1.0	1.0	V	$I_F = 10mA$
最大反向电流	I_R	0.1	0.1	μA	$V_R = 60V$
最大结电容	C_J	0.8	0.5	pF	$V_R = 1V$ $f = 1MHz$
最大正向电阻	R_F	1.0	2.0	Ω	$I_F = 10mA$ $f = 100MHz$

（b）松下电子工业制造

项　目	符　号	MA2SP01	MA2SP02	单　位	测试条件（$T_A = 25℃$）
最大正向电压	V_F	1.0	1.0	V	$I_F = 10mA$
最大反向电流	I_R	0.1	0.1	μA	$V_R = 60V$
最大结电容	C_J	0.8	0.5	pF	$V_R = 1V$ $f = 1MHz$
最大正向电阻	R_F	1.0	2.0	Ω	$I_F = 10mA$ $f = 1MHz$

• 实验方法

制造各种专用测试工具要花费时间和金钱，且效率低。测试 PIN 二极管那样的 2 端子元件时，可用 SMA 连接器作为工具使用。

测量顺序为①→②→③→④→⑤。

如图 3.13 所示，用网络分析仪所连接的电缆前端进行校正。然后，如图 3.14 所示那样接到加工好的 SMA 连接器上，为了对该连接器的电气长度进行一定程度的补偿，将测试的基准面移到连接器的前端。最后，如图 3.14 所示那样，组装成（焊接）PIN 二极管并进行测试。

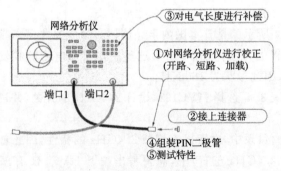

图 3.13　PIN 二极管的电阻测试电路

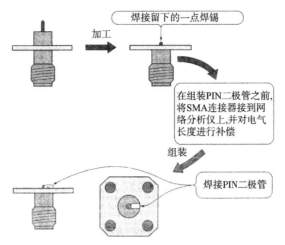

图 3.14 加工 SMA 连接器并组装 PIN 二极管

PIN 二极管所加的直流偏压由网络分析仪内置偏置电路提供。

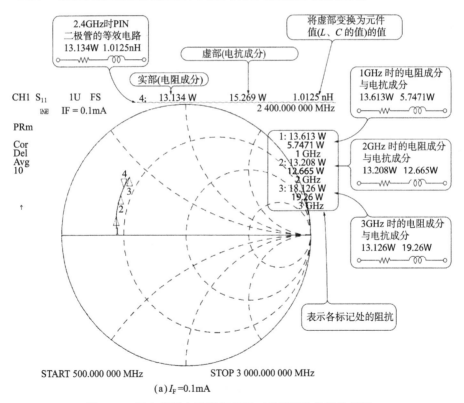

(a)I_F=0.1mA

图 3.15 正向偏置电流引起 PIN 二极管阻抗的变化情况

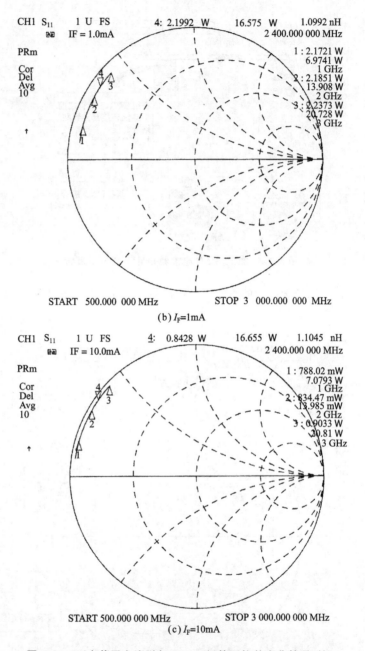

(b) $I_F=1\text{mA}$

(c) $I_F=10\text{mA}$

图 3.15 正向偏置电流引起 PIN 二极管阻抗的变化情况(续)

2. 正向阻抗对电流依赖性高而对高频依赖性低

图 3.15 示出正向偏置电流 I_F 设定为 0.1mA、1mA、10mA 时的阻抗特性。

由测试结果可知,正向偏置时 HVC131 的等效电路可以考虑为电阻与电感的串联电路。

图 3.16 示出实测 I_F 与 R_F 之间关系的结果。由图可知,与接入损耗有很大关系的 R_F 对电流依赖性高,而对频率依赖性低。若 R_F 对频率的依赖性低,则接入损耗的频率特性也变为平坦特性。

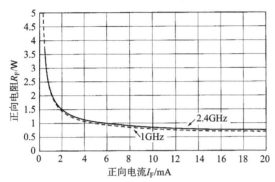

图 3.16 PIN 二极管 HVC131 的正向阻抗特性(实测)

3. 频率越高反向阻抗越低

图 3.17 示出将反向偏压 V_R 设定为 0.1V、1V、10V 时的阻抗特性,图 3.18 是实测 V_R 和 R_R、C_J 之间关系的结果。

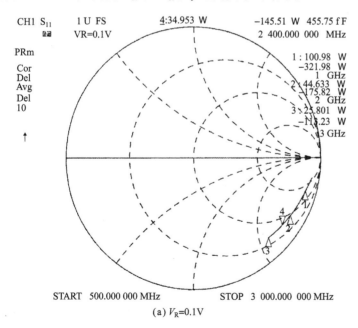

(a) $V_R=0.1V$

图 3.17 反向偏置电压引起的反向阻抗的变化情况

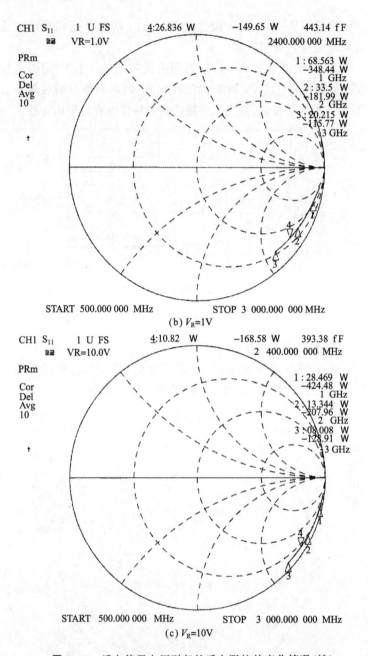

START 500.000 000 MHz　　　　STOP 3 000.000 000 MHz

(b) V_R=1V

START 500.000 000 MHz　　　　STOP 3 000.000 000 MHz

(c) V_R=10V

图 3.17 反向偏置电压引起的反向阻抗的变化情况(续)

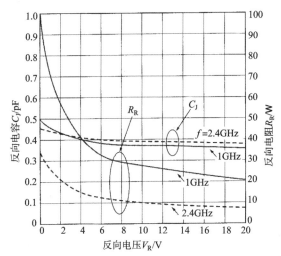

图 3.18 HVC131 的反向偏置电压引起的反向电容 C_J 与
反向电阻 R_R（实测）

由图可知，C_J 对电压与频率的依赖性都很低，因此 OFF 时电压可自由设定。然而，这表示频率越高反向阻抗越低，难以确保其隔离度。

由 2.4GHz 的测试值可知，可以得到接近表 3.4(a) 所示的 HVC131 特性的值。频率越低，且 V_R 越低，R_R 阻值越大。

3.5 开关基本型——SPST 开关的种类与特性

首先，请充分理解构造简单的 SPST 开关。

SPDT 开关是两个 SPST 开关组合而成。

3.5.1 两种 SPST 开关

1. 串联型 SPST 开关

使用 PIN 二极管构成的最简单的两种 SPST 开关，如图 3.19 所示。

图 3.19(a) 示出的是将 PIN 串联接入电路中的串联型开关。

图 3.20 是图 3.19(a) 的高频等效电路。

如图 3.20(a) 所示，若在控制端子施加正向偏置，则 D_1 等效于低阻抗中的电阻，这相当于开关接通的状态。

如图 3.20(b) 所示，若对 D_1 施加反向偏置，则 D_1 等效于小容量的电容，变为高阻抗，这相当于开关断开的状态。

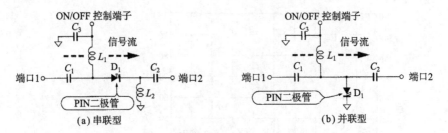

图 3.19 使用 PIN 二极管构成的 2 种 SPST 开关

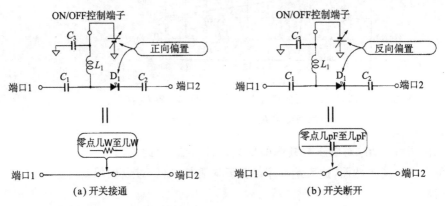

图 3.20 串联型 SPST 开关的等效电路与工作原理

2. 并联型 SPST 开关

图 3.19(b)是在电路与地之间接入切换元件的并联型开关。图 3.21 是图 3.19(b)的高频等效电路。

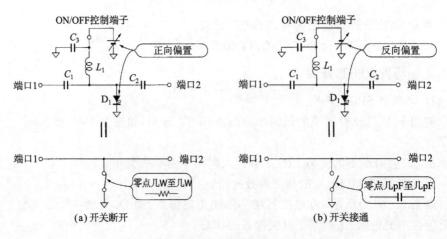

图 3.21 并联型 SPST 开关的等效电路与工作原理

如图 3.21(a)所示,若在控制端子施加正向偏置,则 D_1 等效于低阻抗中电阻,高频信号大体上被短路接至地。其结果,开关电路的输入高频信号基本上都被 PIN 二极管全部反射,信号传不到端口 2,这相当于开关断开的状态。

如图 3.21(b)所示,若施加反向偏置,则 D_1 等效于小容量的电容,变为高阻抗。D_1 对于高频信号为接近开路的状态,因此不会阻断端口间高频信号的传输。也就是说,相当于开关接通的状态。

3.5.2 SPST 开关的接入损耗与隔离特性

使用上述测试的 HVC131 的特性值,试仿真分析 SPST 开关的特性。

正向偏置电流 I_F 为 10mA,反向偏置电压 V_R 为 1V 时,2.4GHz 处 HVC131 的等效电路根据图 3.15(c)和图 3.17(b)变为图 3.22 的方式。

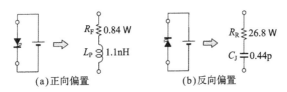

(a)正向偏置   (b)反向偏置

图 3.22 PIN 二极管 HVC131 的等效电路
($I_F = 10\text{mA}, V_R = 1\text{V}, f = 2.4\text{GHz}$)

1. 串联型 SPST 开关

图 3.23 示出串联型 SPST 开关的仿真电路。图 3.23(a)是正向偏置时的电路,图 3.23(b)是反向偏置时的电路。

由于 L_1、C_3、L_3、C_6 为偏置电路的一部分,因此,在实际电路中,为 LC 的接点提供给控制信号(DC 偏置)。

图 3.24 示出接入损耗的仿真结果。HVC131 等效电路的常数固定为 2.4GHz 时值进行仿真。

由图可知,正向偏置时(ON 时),示出了 2.4GHz 时非常低的接入损耗特性。反向偏置时(OFF 时),损耗特性随频率升高而变坏,2.4GHz 时,只能得到约 5.7dB 的隔离度。如前述,其原因是受到反向偏置时电容的影响,频率越高,信号越容易通过 PIN 二极管。

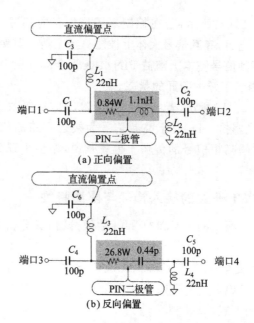

图 3.23 使用 HVC131 的串联型 SPST 开关的仿真电路

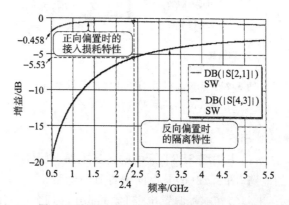

图 3.24 图 3.23 所示 SPST 开关的接入损耗与隔离特性(仿真)

2. 并联型 SPST 开关

图 3.25 是并联型 SPST 开关的仿真电路。

图 3.25(a)是正向偏置时电路,图 3.25(b)是反向偏置时电路。图 3.26 示出该电路的仿真结果。

这与串联型开关时一样,在仿真频率范围内,HVC131 等效电路的常数假定为与 2.4GHz 时的值相等。并联开关接通状态时反向偏置特性与串联型开关一样,表示出了良好的特性。

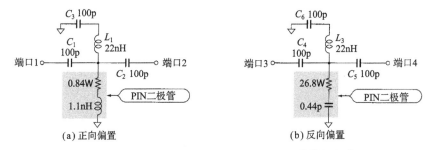

图 3.25 使用 HVC131 的并联型 SPST 开关模拟电路

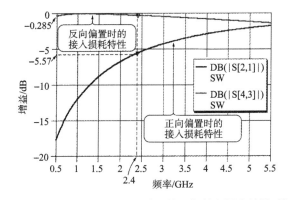

图 3.26 图 3.25 的 SPST 开关的接入损耗和隔离特性(模拟)

然而,开关断开状态时正向偏置特性随频率升高而变坏,2.4GHz 时,只能得到 5.6dB 的隔离度。其原因是二极管存在与电阻串联的电感成分,频率越高,信号越不易通过 PIN 二极管。

3.6 SPDT 开关的种类与动作

SPDT 开关由各种电路构成,这里,介绍一般常用的两种开关,图 3.27 示出其电路。

3.6.1 串联型与并联型的组合开关

图 3.27(a)所示电路的 SPDT 开关,是在 PIN 二极管的数据表中经常记载的作为应用电路的电路构成,它是串联型与并联型两种 SPST 开关的组合形式。

1. 正向偏置时开关的动作

若在控制端子施加正向偏置,则 D_1 与 D_2 两个 PIN 二极管都变为低阻抗状态。此时端口 1 与端口 2 之间的动作与串联型

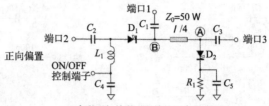

(a) 串联型与并联型开关的组合形式(型 I)

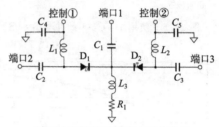

(b) 两个串联型开关的组合形式(型 II)

图 3.27 两种 SPDT 开关

SPST 开关相同。

问题是端口 1 与端口 3 间的动作情况。

使用图 3.28 加以说明。由于不是严格意义上的说明,因此,采用动作示意图进行理解。图 3.28 是所使用频带的等效电路。具体地说,可以认为 D_1 和 D_2 及电容短路,偏置电路开路。

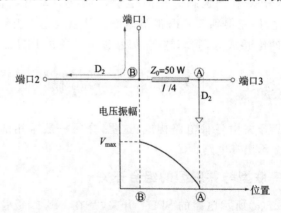

图 3.28 图 3.27(a) SPDT 开关(型 I)控制端子施加正向偏置时的等效电路

设 D_2 的连接点为Ⓐ,离此 $\lambda/4$ 处的连接点为Ⓑ,在中心频率 (2.4GHz)处电压波的振幅最大,其原因是 $\lambda/4$(等于 90℃)处相位不同。

此时,从Ⓑ点看端口 3,无任何连接,即为开路状态。

也就是说,若在控制端子施加直流偏置,即对 PIN 二极管施加正向偏置,则端口 1 和端口 2 之间为导通状态,而端口 1 和端口 3 之间为截止状态。端口 1 的输入信号能传输给端口 2,但在端口 3 无信号输出。

2. 反向偏置时开关的动作

若在控制端子施加反向偏置,则 D_1 与 D_2 都为高阻抗状态。此时,$\lambda/4$ 线只具有传输线的功能。

图 3.29 归纳了型 I 的 SPDT 开关的偏置与切换动作。

这样,由于型 I 开关的控制端子为一个,因此,控制端子所连接的 PIN 二极管的驱动电路只用一个即可。

正向偏置时,由于以相同电流驱动 D_1 与 D_2,因此消耗功率可以很低。然而,对于中心频率需要接入具有 $\lambda/4$ 长度的传输线,因此形状有可能变大。

由于传输线要产生损耗,因此,必需选择 25N(Arlon 公司)等介质损耗小的基板。

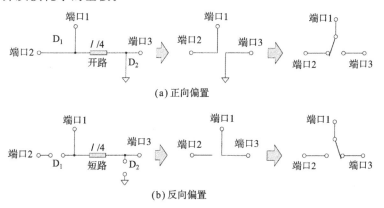

(a) 正向偏置

(b) 反向偏置

图 3.29　图 3.27(a)所示 SPDT 开关(型 I)的偏压极性与切换动作

3.6.2　两种串联型的组合开关

型 I 是串联型与并联型组合的开关,而图 3.27(b)所示的型 II 是两种串联型组合的开关。两者的最大差异是型 II 需要两个 ON/OFF 控制端子,即控制①与控制②,因此,需要各自的专用控制电路进行驱动。

根据控制信号偏置的施加方法不同,考虑以下四种状态,但实际使用的是(1)与(2)两种状态。

(1)控制①:正向偏置,控制②:反向偏置。

(2)控制①:反向偏置,控制②:正向偏置。

(3)控制①:正向偏置,控制②:正向偏置。

(4)控制①:反向偏置,控制②:反向偏置。

现考察一下各种状态的动作情况。图 3.30 和图 3.31 是在使用频带内(1)~(4)各种状态的等效电路。

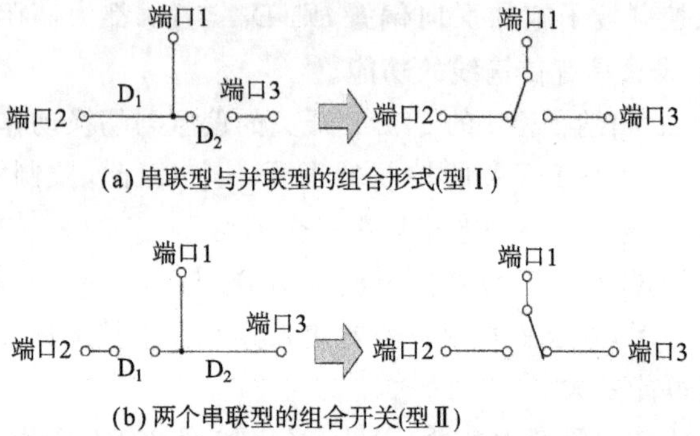

(a)串联型与并联型的组合形式(型Ⅰ)

(b)两个串联型的组合开关(型Ⅱ)

图 3.30 图 3.27(b)所示的 SPDT 开关(型 II)的动作情况

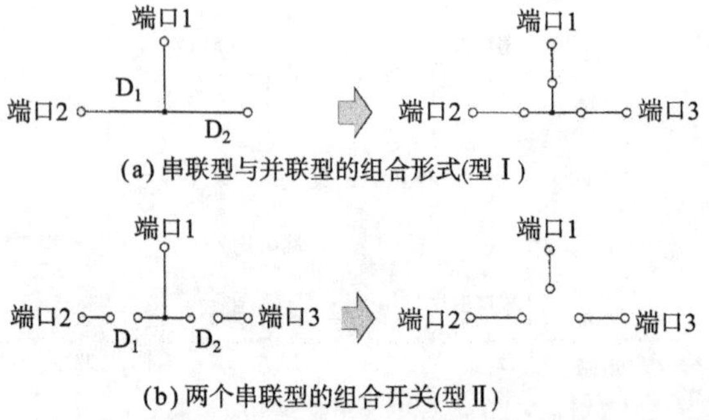

(a)串联型与并联型的组合形式(型Ⅰ)

(b)两个串联型的组合开关(型Ⅱ)

图 3.31 不具有开关功能时 SPDT 开关(型Ⅱ)的动作情况

由图 3.31 可知,很明确(3)和(4)两种状态不能作为切换开关使用。对于型 II 的 SPDT 开关可知,在一个控制端子施加正向偏置,而对另一个控制端子必须施加反向偏置。

由于型 II 开关需要两个 ON/OFF 控制端子,因此,接在该端子的 PIN 二极管也需要两个控制电路,这与型 I 开关相比,增加了元件数。但是,由于不需要 λ/4 的传输线,因此,只是用单片元件,即集中常数电路构成即可。

用双面基板制作两种类型的开关时,型 II 开关可以做得很小。但是,对于任一个 PIN 二极管经常为正向偏置,因此消耗电流也较型 I 开关的电路大。

3.7 试作的 SPDT 开关特性的仿真分析

现试作型 II 电路构成的 SPDT 开关,其外观如照片 3.1 所示。

选择制作型 II 开关的理由在于只用单片元件构成即可。

照片 **3.1** 制作的 SPDT 开关的外观

3.7.1 SPDT 开关的规格

试作的 SPDT 开关的规格如下:

① 频带:2.35~2.45GHz。

② 接入损耗:1.0dB 以下。

③ 隔离度:20dB 以上。

④ 电压驻波比 VSWR:1.2 以下。

⑤ 正向偏置电流:10mA(电源电压+3V)。

⑥ 反向偏置电压:−3V(控制端子)。

现按照以下条件进行试作:

① 在图 3.32 的电路中接入隔离补偿电路。

② 使用图 3.32 的电路常数(初始值)。

③ 使用 1608 尺寸的无源元件。

④ 使用高频用基板 25N(Arlon 公司)。

表 3.5 示出 25N 与 FR-4(玻璃环氧树脂)特性的比较。

表 3.5 高频专用印制基板 25N 与通用玻璃环氧基板 FR-4 特性的比较

基板的种类 项　目	25N	FR-4
相对介电常数@10GHz	3.25	4.5
介质损耗角正切@10GHz	0.0028	0.03
吸水率	0.08%	0.1%
比重	1.54g/cm³	1.8g/cm³

3.7.2　试作 SPDT 开关的高频特性

1. 仿真分析

在图 3.27(b)所示电路中,D_1 中有 10mA 的正向偏置电流流通,假定 D_2 上施加 1V 反向偏置电压,试通过仿真进行分析。

HVC131 等效电路的常数使用 2.4GHz 时的实测值。2.4GHz 频带时为高阻抗决定 $L_1 \sim L_3$ 的值,2.4GHz 频带时为低阻抗决定 $C_1 \sim C_5$ 的值。

在控制端子直接施加电源电压,也可以使 PIN 二极管不损坏而决定 R_1 的值。

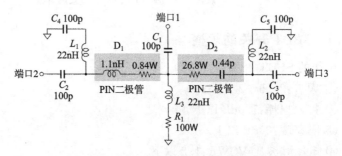

图 3.32　SPDT 开关(型 II)的仿真电路

图 3.33 示出对图 3.32 电路进行仿真分析的结果,图中标记处表示的值是 2.4GHz 时的特性值。

2. 接入损耗与隔离特性

图 3.33(a)示出了隔离特性。

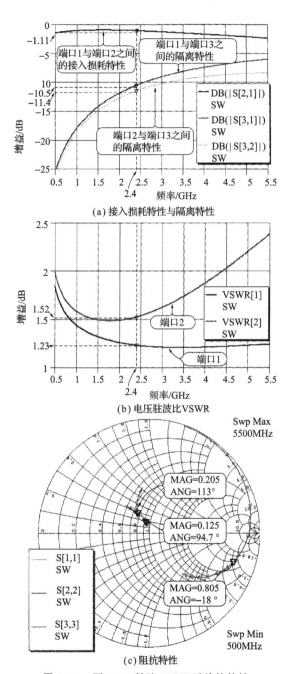

图 3.33 图 3.32 所示 SPDT 开关的特性

DB(|S[2,1]|)为端口 2 与端口 3 之间的接入损耗特性,DB(|S[3,1]|)为端口 1 与端口 3 之间的隔离特性,而 DB(|S[3,2]|)为端口 1 与端口 2 之间的隔离特性。

由于隔离性差,端口 3 的泄漏大,因此接入损耗特性也变差。隔离度为 20dB 以上(1/100 以下),接入损耗最大也在 1dB 以下,因此,需要改善隔离特性。

3. 电压驻波比 VSWR

射入信号波无反射时,则以一定振幅进行传播。然而,若有反射,则入射波与反射波发生重叠,该波振幅的最大值与最小值之比称为 VSWR。若没有反射,由于最大值与最小值相等,因此 VSWR=1。若有反射,则 VSWR>1。

图 3.33(b)是 VSWR 的分析结果,VSWR[1]表示端口 1 的 VSWR 特性,VSWR[2]表示端口 2 的 VSWR 特性。端口 3 接近全反射,由于与其他端口值相差甚远,因此,图中没有表示出。

端口 1 的 VSWR 特性不够好,但其值还可以。端口 2 必须改善。若考虑与开关所连接的电路取得匹配,则在传输频带内,VSWR 为 1.2 以下(反射损耗在 20dB 以上)是所期望的值。若 VSWR 特性变差,就会产生反射损耗,使接入损耗变大。

所谓反射损耗,是指相对反射波(功率)相对输入波(功率)的大小,用 dB 表示。若无反射,则反射损耗为 $-\infty$,若是全反射,则反射损耗为 0dB。

4. 阻抗特性

在图 3.33(c)所示的史密斯图中,示出了各端口的输入阻抗特性。

S[1,1]是端口 1 的特性,S[2,2]是端口 2 的特性,S[3,3]是端口 3 的特性。标记 Δ 处表示值是 2.4GHz 时的反射系数(MAG)与相位(ANG)。由此结果很清楚看到二极管导通侧与截止侧阻抗的差别。也就是说,二极管导通,导通的端口 1 与端口 2 的反射少,截止时,断开的端口大体上为全反射状态。

但是,原样不能作为 SPDT 开关使用,尤其需要改善其隔离特性。隔离特性差的原因是 PIN 二极管加反向偏置时,有 C_J 存在。由于 C_J 值不足够小,因此频率升高时,通过信号的比率变大。

3.7.3 隔离特性的改善

1. 增设电感

反向偏置时,PIN 二极管的等效电路是电阻与电容的串联电路,但在使用的频带内,若电抗成分比电阻成分足够大,则反向偏置时,可看作是电容。

如图 3.34 所示,若与 PIN 二极管并联电感,则电容与电感构成并联谐振电路,对于期望的频率,变成高阻抗(开路状态)。这样,能够改善隔离特性。

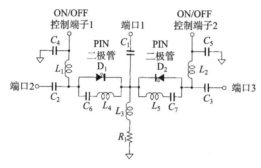

图 3.34 改善隔离特性的 SPDT 开关

════════ **专 栏** ════════

高频电路用仿真软件

仿真软件是电路设计时使用的工具,但它是尚未进入或刚刚进入高频领域学习的最佳教材。

例如,若使用史密斯图进行匹配,串联或并联接入电阻、电容与电感时,电路的频率特性轨迹在史密斯图上如何动作,不用实际制作,而在画面上就能了解这种情况。只看书无法充分理解史密斯图上轨迹的动作情况,通过仿真软件只要见到这种动作,就能想到其工作示意情况。

图 3.A 表示的是使用高频电路设计系统 Microwave Office 2000(Applied Wave Research 与 Cybernet System 公司使用的系统)对 SPDT 开关进行仿真时的画面。

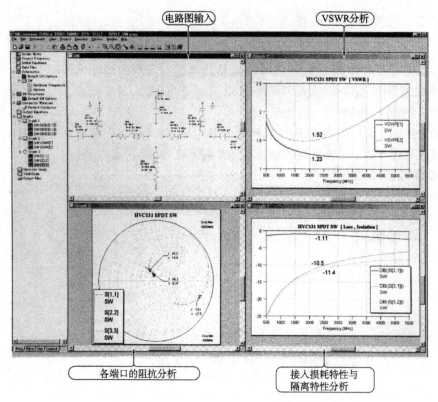

图 3. A 高频电路设计系统 Microwave Office 2000 的仿真画面

但是,若并联接入电感,由于正向偏置时直流被短路,因此与电感串联接入隔直电容。

反向偏置时,由于在高频领域 PIN 二极管大体上为短路状态,因此,并联接入电感的影响很小。

2. 通过仿真确认增设电感时的效果

试用图 3.35 所示的仿真电路确认此对策的效果。

在 D_1 侧的 ON/OFF 控制端子,施加正向 10mA 偏置电流,在 D_2 侧的 ON/OFF 控制端子,施加反向 1V 偏置电压,进行分析。

(1) L_4 和 L_5 常数的调整

L_4 和 L_5 的值是在中心频率 2.4GHz 处产生谐振,调整其值使其隔离度变成最大。其后,一面观看史密斯图,一面调整 $C_1 \sim C_3$ 的值,使输入输出部分的 VSWR 变小。

图 3.36 示出仿真结果。

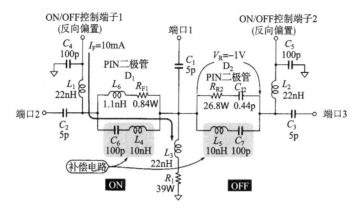

图 3.35 改善隔离特性的 SPDT 开关的仿真电路(无调整)

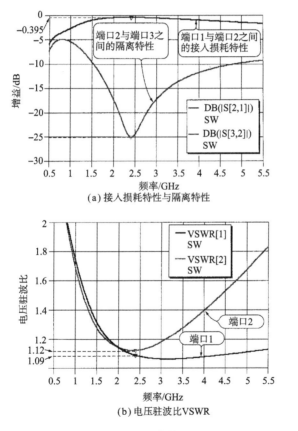

(a) 接入损耗特性与隔离特性

(b) 电压驻波比 VSWR

图 3.36 图 3.35 的仿真结果(无调整)

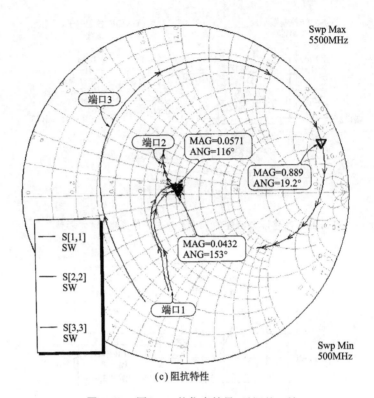

Swp Max
5500MHz

端口3

端口2　MAG=0.0571
　　　ANG=116°

MAG=0.889
ANG=19.2°

MAG=0.0432
ANG=153°

S[1,1]
SW

S[2,2]
SW

S[3,3]
SW

端口1

Swp Min
500MHz

(c) 阻抗特性

图 3.36　图 3.35 的仿真结果(无调整)(续)

(2) 接入损耗衰减 0.5dB

随着隔离特性和 VSWR 的改善,接入损耗由 0.918dB 降到 0.395dB,其改善幅度较大。

(3) 在 2.12~2.77GHz 时得到 20dB 以上的隔离特性

在各种特性中,频带最窄的是隔离特性(S_{32})。图 3.37 示出 2.4 ±0.5GHz 的隔离特性。虽说很窄,但由 2.12GHz 到 2.77GHz 的 650GHz 带宽时能得到 20dB 以上的隔离特性。

图 3.35 的电路可得到 3.7 节所示的如下目标设计值。

① 频带:2.35G~2.45GHz。

② 接入损耗:10dB 以下。

③ 隔离度:20dB 以上。

④ VSWR:1.2 以下。

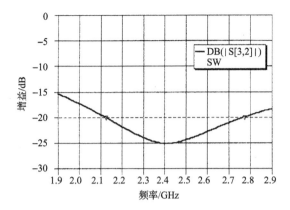

图 3.37 图 3.36(a)所示隔离特性的频率轴放大情况

3.8 SPDT 开关的试作

通过仿真可轻松得到目标规格的结果,但对于实际电路又如何呢? 试根据图 3.35 的电路制作基板并实测其特性。

1. 准备的工具和元件

手工刻蚀基板图案等时,废弃溶液(氯化铁水溶液等)处理成为问题,若采用本书的电路连接需要的铜箔,可简单通过机械加工进行制作。而且,制作时产生的废弃物只是铜箔,因此非常安全。

准备的工具如下:

• 基板

• 笔记用具(在铜箔表面画线用具)

• 规尺

• 刀子

• 夹子

• 尖嘴钳

• 砂纸

2. 印制基板的制作

图 3.38 示出印制基板的制作步骤。印制基板使用介质厚度为 0.635mm,铜箔厚度为 18μm 的高频用基板 25N(Arlon 公司)。

① 使用规尺和笔记用具,在基板铜箔表面上描绘图案。充分考虑所熟悉的元件形状及配置,最好画在纸上。

② 沿着画好的图案,用刀子切入铜箔。铜箔虽柔软,但由于黏贴在基板上,因此,必须熟练操作,请注意安全不要伤害到手指。

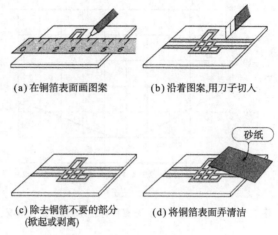

(a) 在铜箔表面画图案   (b) 沿着图案,用刀子切入

(c) 除去铜箔不要的部分   (d) 将铜箔表面弄清洁
   (掀起或剥离)

图 3.38 SPDT 开关试作基板的制作步骤

③ 使用刀子、夹子、尖嘴钳除去不要部分的铜箔。首先,用刀子使铜箔在基板边上稍翘起来,然后,用夹子和尖嘴钳夹住该部分,慢慢地将铜箔剥离。

④ 将不要的部分剥离后,用砂纸将留下来的铜箔研磨好,以便于焊接。用刀子切除图案的毛边、再用砂纸打磨掉①～③作业时附在基板表面上笔记用具的油墨与皮脂等。把铜箔表面弄清洁后,在焊接处及其周围,进行预焊。

3. 印制图案的宽度

印制基板使用介质厚度为 0.635mm,铜箔厚度为 $18\mu m$ 的高

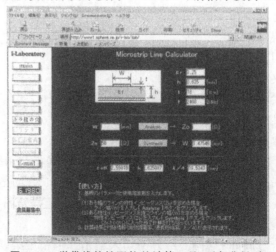

图 3.39 微带线特性阻抗的计算工具(可免费得到)

频用基板 25N(Arlon 公司)。

连接端口 1～端口 3 的传输线采用 50Ω 特性阻抗进行设计。50Ω 线的线宽其计算值为 1.5mm。印制图案的宽度可使用图 3.39 所示的免费工具(http://www1.sphere.ne.jp/i-lab/ilab/)计算出来。图 3.40 表示印制图案图和元件实装图。

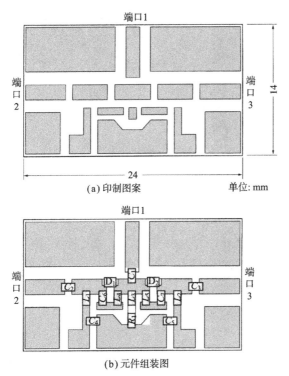

图 3.40　SPDT 开关试作基板的图案图和元件组装图

4. 实装元件

电阻、电容等全都是 1608 型的单片元件。

PIN 二极管选用 HVC131(日立制作所)，其外型尺寸如图 3.41 所示。由于 PIN 二极管有极性，因此实装时要注意二极管的正负极性。

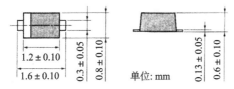

图 3.41　PIN 二极管 HVC131 的外型图

　　元件实装后,在各端口安装连接器。照片 3.3 是做好的 SPDT 开关。

　　如照片 3.3(a)和(b)所示,可将插座型 SMA 连接器直接焊在基板上。另外,如照片 3.3(c)所示,用厚度 0.1mm 左右的铜箔,将连接 R_1、C_4、C_5 的印制图案与背面的接地图案连接起来。

(a) 正面

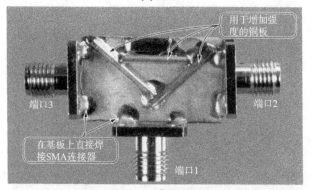

(b) 背面

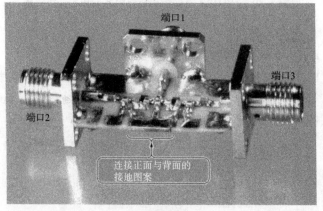

(c) 俯视图

照片 **3.3**　试作的 SPDT 开关

5. 组　装

基板施加无外力时,实装的元件有可能受到损害,因此如照片
3.3(b)所示那样,在背面焊接铜板等以增加基板的强度。

使用厚、硬而不易变形的基板时,不需要这样增加强度的
措施。

3.9　试作 SPDT 开关基板的初始特性与调整

1. 测试方法

这里,试评价所完成的 SPDT 基板的各种特性。

测试仪主要使用网络分析仪。

SPDT 开关有三个端口,但网络分析仪通常有两个端口。因
此,SPDT 开关不连接的空端口用 50Ω 作为终端。在 ON/OFF 控
制端子 1 和 2 使用直流电源,施加必要的偏置。

2. 没有调整时的性能

图 3.42 是实验电路。图 3.43 示出没有调整时接入损耗、隔
离度、VSWR 的各种特性。

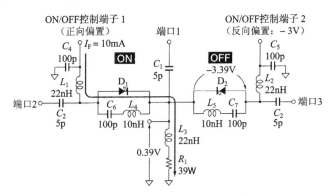

图 3.42　调整前的 SPDT 开关

如图 3.43(b)所示,隔离特性的最高值对中心频率 2.4GHz
偏下约 300MHz,输入输出 VSWR 也不佳。接入损耗值也比仿真
结果差,但能充分满足目标值。

3. 调整元件常数使其隔离和 VSWR 最佳化

调整元件常数使其隔离和 VSWR 满足目标值。

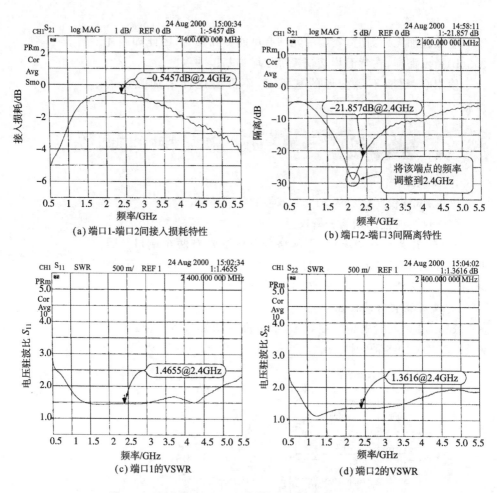

图 3.43　调整前 SPDT 开关试作基板的开关特性(实测)

(1) 调整步骤

① 隔离特性。

如图 3.43(b)所示,将偏离低频侧的隔离最高值。

具体来说,将 L_4 和 L_5 由 10nH 改为 8.2nH,提高谐振频率。这样,由于最高值过于偏离高频侧,因此,将 C_6 和 C_7 由 100pF 改为 2pF。

② VSWR。

隔离特性虽得到改善,但 VSWR 也变差。能调整的元件仅是耦合电容 $C_1 \sim C_3$、偏置电路用 L_3 及 C_1。

（2）调整后性能

若将 C_1 改为 10pF，将 $C_2 \sim C_3$ 改为 15pF，将 L_3 改为 18nH，则 VSWR 得到改善，能改善到 1.2 的目标值。

由于只调整元件常数，不能进一步改善端口 1 的 VSWR，因此需要改变输入部分的电路构成。

图 3.44 是调整后的特性，图 3.45 是其电路。隔离和 VSWR 得到改善，接入损耗特性也不错，约为 0.11dB。

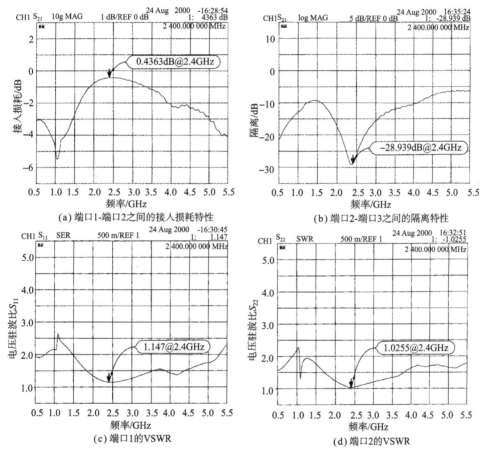

图 3.44 调整后 SPDT 开关试作基板的开关特性（实测）

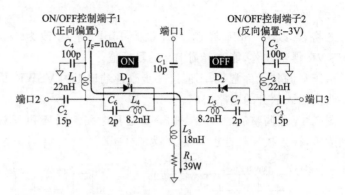

图 3.45 调整后 SPDT 开关试作的电路

✕✕✕✕✕✕✕✕✕✕ 专 栏 ✕✕✕✕✕✕✕✕✕✕

推荐好书

■ Transmission Line Design Handbook

高频电路设计过程中需要计算传输线的特性阻抗。若有高频/微波电路仿真软件,则应附带有传输线特性阻抗的计算工具。因此,无仿真软件时,将如何进行呢? 必须自行计算。

另外,仿真软件附带的计算工具中未包含构成的传输线时将如何进行呢? 这也必须自行计算。

微带线、带状线、同轴线等中经常使用的是在普通的高频与微波有关书籍中刊载的特性阻抗的计算方法。然而,传输线有多种,这些不过是其中的一小部分。

本书只是处理各种传输线、约 500 页的专业书,公司最好能拥有一册。但是,对英语与数学不擅长者不宜使用本书。

Brian C. Wadell 著,513p., US＄99(amazon. com 的售价),Artech House 出版,初版 1991 年 6 月,ISBN 0-89006-436-9

3.10 试作前仿真预测与评价结果不同的原因

将 3.7 节的仿真结果与 3.9 节的实测结果进行比较,验证其不同的原因。

为了保存高频电路的设计技术,这种作业非常重要,在设计其他高频电路时,可以灵活运用这种技术。

1. 印制图案也必须反映在仿真电路中

图 3.35 的仿真电路不能正确表现出图 3.40(b)的试作基板。

这是由于图 3.35 的电路全用集中常数来表现,但在实际的基板中,集中常数电路和印制图案等的分布常数电路混在一起。

如图 3.46 所示那样,将微带线模型化,再进行仿真,其结果如图 3.47 所示。

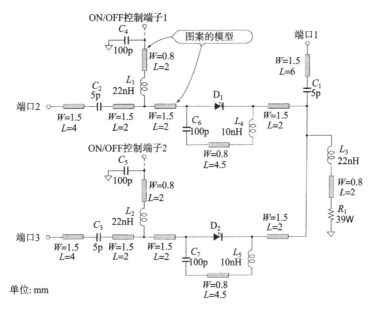

图 3.46 考虑印制图案时 SPDT 开关的仿真电路

接入损耗与 VSWR 特性接近图 3.43 所示的特性曲线,2.4GHz 时其值也几乎一致。隔离特性的最高值也出现在比实测值高 200MHz 处。

2. PIN 二极管等效电路的常数不是最佳

如前所述,隔离特性极大地影响着 PIN 二极管与电感的并联谐振电路。

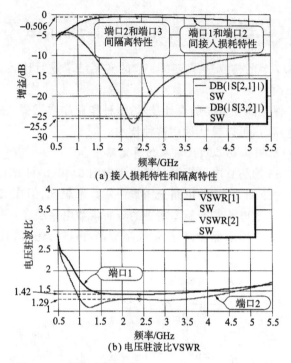

图 3.47　考虑印制图案时 SPDT 开关的特性（仿真）

在图 3.35 中，假定 PIN 二极管 D_2 上加的反向偏置 V_R 为 1V，但在图 3.43 和图 3.44 的实测中，由于在 ON/OFF 控制端子上约加 $-3V$ 的电压，因此，D_2 的反向偏置为 3.39V。由于偏置条件的不同，因此，PIN 二极管等效电路的常数不是最佳。

此外，也要考虑构成并联谐振电路电感值的分散性，但这里，为使实测值和仿真值一致，只将 PIN 二极管等效电路的常数调整如下。

$R_{R2}：26.8\Omega \rightarrow 18\Omega$

$C_{J2}：0.44pF \rightarrow 0.51pF$

图 3.48 示出仿真结果。其调整结果，VSWR 特性接近实测值。

其次，试考虑一下在仿真电路中反映调整后的常数（图 3.45）。

图 3.49 是仿真电路，图 3.50 示出仿真结果。

实测的 VSWR 特性在 1.1GHz 附近急剧变化，这也出现在仿真结果中。见到的隔离特性稍有不同，但就整体而言，仿真结果与实测值良好一致。

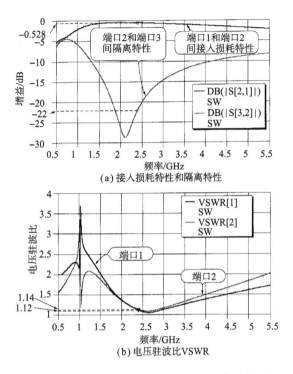

（a）接入损耗特性和隔离特性

（b）电压驻波比VSWR

图 3.48 改变 PIN 二极管的等效电路的仿真结果

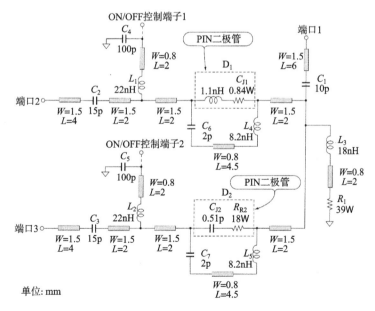

图 3.49 将 PIN 二极管等效电路改为仿真电路

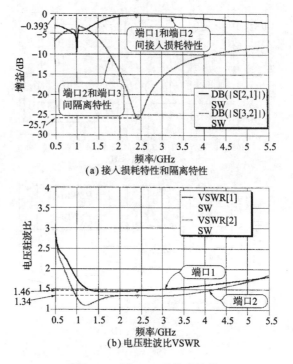

(a) 接入损耗特性和隔离特性

(b) 电压驻波比VSWR

图 3.50　图 3.49 的仿真结果

━━━━ 专　栏 ━━━━

PIN 二极管的偏置电路

　　对 PIN 二极管强加正向与反向偏置的驱动电路的设计与开关电路本身同等重要,开关的切换时间等随电路构成和性能不同而发生较大变化。

　　图 3.B 示出使用变压器的偏置电路实例。在高频电路设计中,需要具备驱动该电路的数字电路与低频电路设计的知识。周围电路的设计不易,因此有时也不能发挥本来的性能。

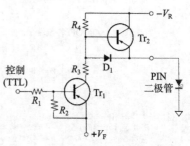

图 3.B　PIN 二极管的偏置电路实例

第4章
低噪声放大器的设计与制作
——放大微弱信号的技术

本章介绍收发信号系统中接收部分使用的低噪声放大器 (LNA：Low Noise Amplifier)的设计法。

如图 4.1 所示，LNA 将从天线进来的通过开关的微弱信号进行放大。

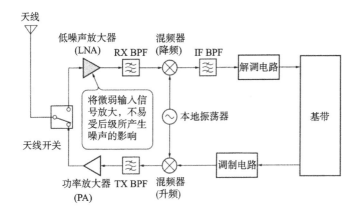

图 4.1 2GHz 频带收发信号系统中 LNA 的作用

4.1 LNA 的作用

接收机的灵敏度(接收灵敏度)随接收信号电路产生的噪声量不同而发生较大变化。

依据系统不同，必须接收 −100dBm 这样非常微弱的信号。若是这样的微弱信号，则原样不能解调，需要用放大器将信号加以放大。

但是，放大结果，若放大器产生的噪声还比放大后的信号电平大,则信号和噪声不易分辨。因此,接收信号电路的放大器要使用噪声小的放大器,即低噪声放大器 LNA。

用 LNA 将期望的信号放大,若信号与噪声电平差值较大,用 LNA 后接的混频器等,即使附加有噪声,也不易受其影响。

4.2 噪声越小而增益越大越好

4.2.1 表示噪声大小的参数——噪声指数

LNA 的作用是在天线接收的微弱电波中混入的噪声不进行放大而送到下一级。若这部分使用噪声特性差的放大器,则微弱信号就会被噪声所淹没。

如图 4.2 所示,用噪声指数表示放大器的噪声特性,也称为 NF(Noise Figure)。设某放大系统的噪声指数为 $F(\text{dB})$,某放大电路输入信号的 S/N 为 $S_{N1}(\text{dB})$,输出信号 S/N 为 $S_{N2}(\text{dB})$,则可用下式表示。

$$F = S_{N_1} - S_{N_2} \tag{4.1}$$

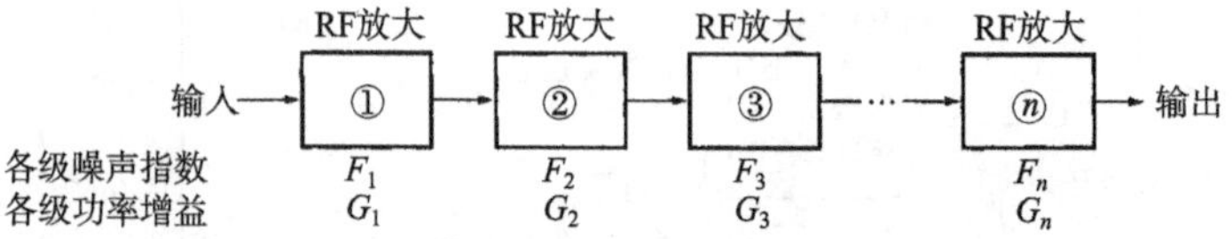

$$F_{\text{total}} = F_1 + \frac{F_2-1}{G_1} + \frac{F_3-1}{G_1 G_2} + \frac{F_4-1}{G_1 G_2 G_3} + \cdots + \frac{F_n-1}{G_1 G_2 G_3 \cdots G_{n-1}} \tag{4.2}$$

$$G_{\text{total}} = G_1 G_2 G_3 \cdots G_n \tag{4.3}$$

越后项分母越大。初级噪声指数 F_1 对总体噪声指数的影响最大

图 4.2 噪声指数的计算方法

放大电路的噪声指数为输入信号 S/N 与输出信号 S/N 之比。如图 4.3 所示,若使用噪声指数差的放大器,则放大器内部产生的噪声会混入信号中,噪声不能取出输入信号。

LNA 增益与噪声指数要根据通信距离、天线、发射功率、系统要求与性能等制作电平图,据此设定。

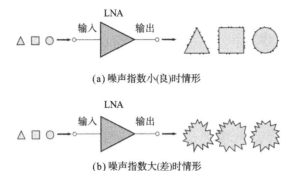

(a) 噪声指数小(良)时情形

(b) 噪声指数大(差)时情形

图 4.3 LNA 噪声指数对信号品质的影响

4.2.2 LAN 的噪声指数对系统总体噪声特性有很大影响

图 4.4 示出 LNA 为 1 级时噪声指数的计算实例。损耗部分在实际的收发信号系统(图 4.1)中,相当于滤波器和混频器等。

在 1 级 LNA 的电路实例(图 4.4)中,设 LNA 的增益为 G_1(dB),噪声指数为 F_1(dB),损耗为 L(dB),则电路总体的噪声指数 F_{T1}(dB)可用下式求出:

$$F_{T1} = 10 \lg\left(f_1 + \frac{f_L - 1}{g_1}\right) \tag{4.4}$$

$$g_1 = 10^{G_1/10}, f_1 = 10^{F_1/10}, f_L = 10^{L/10}$$

式(4.4)中,$f_1 + (f_L - 1)/g_1$ 称为噪声指数。

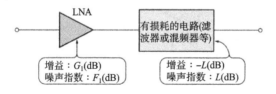

图 4.4 后级有损耗的 LNA

将实际数值代入 F_1、G_1、L,试考察一下对电路总体噪声指数的影响。L 为 3dB。

▶ 电路①:当 $F_1 = 1$dB,$G_1 = 10$dB 时

$$f_1 = 10^{1/10} \approx 1.259$$

$$g_1 = 10^{10/10} = 10$$

$$f_L = g_L = 10^{3/10} \approx 1.995$$

因此,噪声指数 k_{F1} 为:

$$k_{F1} = f_1 + \frac{f_L - 1}{g_1} \approx 1.259 + \frac{0.995}{10} \approx 1.359 \tag{4.5}$$

求出噪声指数 F_{T1} 为:

$$F_{T1} = 10 \lg k_{F1} = 10 \lg 1.359 \approx 1.332 \text{dB}$$

▶ 电路②:$F_1 = 1.3 \text{dB}$,$G_1 = 10 \text{dB}$ 时,求得

　　$F_{T1} \approx 1.609 \text{dB}$

▶ 电路③:$F_1 = 1 \text{dB}$,$G_1 = 20 \text{dB}$ 时,求得

　　$F_{T1} \approx 1.034 \text{dB}$

电路②只是初级噪声指数 F_1 比电路①差,但电路总体的噪声指数也变差。电路③与电路①的初级噪声指数相等,增益大 10 dB,但总体噪声指数也比电路①小。

这意味着 LNA 的噪声指数越小,增益越大,后级电路产生的噪声影响越小。

4.2.3　两个 LNA 串联时电路的总体噪声指数

那么,想说的是"最佳是制作增益非常高的 LNA"。

然而,这与使用运算放大器构成的低频放大电路不同,对于高频不能如此简单制作高增益的放大电路。尤其是 2GHz 的频带,实际的增益最大也只有十几 dB,一般来说,如图 4.5 所示,接入 2~3 级 LNA。

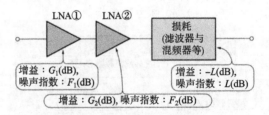

图 4.5　2 级构成的 LNA

该电路的噪声指数 F_{T2} 可用下式表示:

$$F_{T2} = 10 \lg\left(f_1 + \frac{f_2 - 1}{g_1} + \frac{f_L - 1}{g_1 g_2}\right) \tag{4.6}$$

式中,$g_1 = 10^{G_1/10}$,$f_1 = 10^{F_1/10}$,$g_2 = 10^{G_2/10}$,$f_2 = 10^{F_2/10}$,$f_L = 10^{L/10}$

同样,试对以下几种情况进行计算。

▶ 电路④:$F_1 = F_2 = 1dB, G_1 = G_2 = 10dB, L = 3dB$ 时

求出 $F_{T2} \approx 1.122dB$。这是使用电路①中两个 LNA 的情况。不涉及电路③的噪声指数,但对 LNA 后接电路的噪声指数影响小。

▶ 电路⑤:$F_1 = F_2 = 1dB, G_1 = G_2 = 10dB, L = 6dB$ 时

求出 $F_{T2} \approx 1.188dB$。这是使用电路①中两个 LNA 的情况。输出所连接的损耗由 3dB 增加到 6dB。然而,电路总体的噪声指数不会变差(0.066dB)。

▶ 电路⑥:$F_1 = 1dB, F_2 = 1.5dB, G_1 = G_2 = 10dB, L = 3dB$ 时

求出 $F_{T2} \approx 1.173dB$。这是电路④的第 2 级 LNA 的噪声指数由 1dB 变差到 1.5dB 时噪声指数。若与电路④相比较,第 2 级的噪声指数变差了 0.5dB,无论如何,但电路总体噪声指数只变差了 0.051dB。

将以上结果归纳如下:

① 当多级 LNA 构成时,尽量降低初级的噪声指数,增益尽量提高。

② 第 2 级以后,噪声指数变差多少也无妨,对电路总体的噪声指数的影响小。

4.3 LNA 设计时其他重要参数

4.3.1 输入电平范围

对于宽输入电平范围,若 LNA 的输入与输出信号电平成比例,则接收电平虽随通信对方距离不同发生较大变动,但信号能不失真地放大。

如图 4.6 所示,若对线性工作信号电平范围较窄的(P_{1dB} 低)LNA,输入较大电平信号(与发射台的距离较近的情形等),则 LNA 的输出产生失真。

图 4.7 示出增益 10dB 放大器的输入-输出特性。由图可知,放大器的输入信号电平较小时,输出电平与输入成比例增加。但是,若输入电平较大,则输出电平与输入电平不成比例,而变为饱和状态。

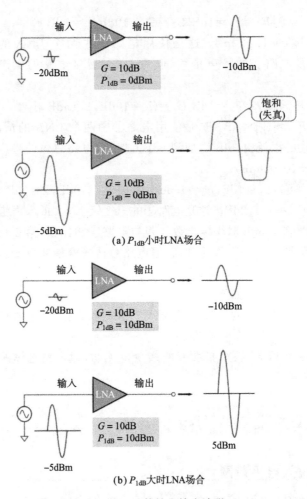

（a）P_{1dB} 小时 LNA 场合

（b）P_{1dB} 大时 LNA 场合

图 4.6　LNA 的 P_{1dB} 特性和输出波形

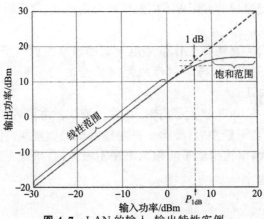

图 4.7　LAN 的输入-输出特性实例

▶ 表示线性工作范围的参数 P_{1dB}

P_{1dB} 是输出电平由输入与输出信号电平,成比例的直线下降到 1dB 时的输出电平。

若输入电平超过 P_{1dB},则增益急速降低,输出电平达到饱和。P_{1dB} 是用来评价线性工作输入电平范围的参数,也是最大输出的大致值。

4.3.2　输入输出 VSWR 与噪声特性及稳定度之间的关系

1. VSWR 大时增益和输出效率变低

如图 4.8 所示,若 LNA 输入与输出的电压驻波比 VSWR 较大,则会产生反射,增益降低。

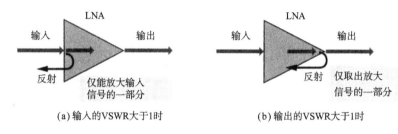

(a)输入的VSWR大于1时　　　　(b)输出的VSWR大于1时

图 4.8　LNA 输入输出的电压驻波比与信号流

若输出的 VSWR 变差,由于被放大的信号不能有效送出,因此,P_{1dB} 也不能变好。

2. 噪声指数与 VSWR 的折衷情况

一般来说,LNA 使用的半导体噪声指数变成最低的信号源侧阻抗不是 50Ω。若哪个 LNA 的噪声指数良好,则输入的 VSWR 变差,若输入的 VSWR 良好,则噪声指数有变差的趋势。

如图 4.9 所示,增益最大的输入阻抗与噪声指数最小的输入阻抗也不同。即使对实际电路进行调整,要使噪声指数与 VSWR 两者兼容也是徒劳的。

3. 表示信号源最佳阻抗的噪声参数

观看一下 LNA 使用的半导体数据表可知,表中(表 4.1)记载有噪声参数的项目。这是对于几个频率点,表示能得到最小噪声指数的最佳信号源阻抗 Γ_{opt}。

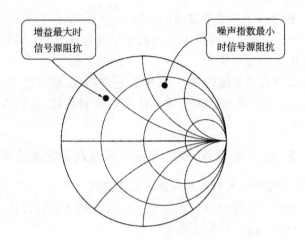

图 4.9 增益最大与噪声指数最小时阻抗的不同

表 4.1 LNA 使用 HEMT ATF-35143 时的噪声参数

信号频率/GHz	噪声参数				
	最小噪声指数 F_{min}/dB	最佳信号源阻抗 Γ_{opt}		$R_n/50$	增益 G_A/dB
		振幅	相位/(°)		
0.5	0.10	0.88	5.0	0.15	20.5
0.9	0.11	0.84	14.0	0.15	19.0
1.0	0.12	0.83	16.0	0.15	18.6
1.5	0.17	0.77	26.0	0.15	17.5
1.8	0.20	0.74	31.9	0.15	16.9
2.0	0.23	0.71	37.3	0.14	16.4
2.5	0.29	0.66	48.6	0.14	15.7
3.0	0.34	0.60	60.6	0.12	15.0
4.0	0.46	0.52	86.8	0.12	13.6
5.0	0.58	0.45	115.3	0.08	12.4
6.0	0.69	0.40	145.8	0.05	11.3
7.0	0.81	0.37	177.7	0.05	10.3
8.0	0.92	0.35	−149.3	0.07	9.5
9.0	1.04	0.35	−115.6	0.12	8.8
10.0	1.16	0.37	−81.8	0.22	8.3

测试条件:$V_{DS}=2V$,$I_{DS}=10mA$

　　噪声参数是 LNA 设计时不可欠缺的数据,进行仿真时,使用的是 S 参数和噪声参数。由噪声参数可以描绘出如图 4.10 所示那样的噪声指数圆。

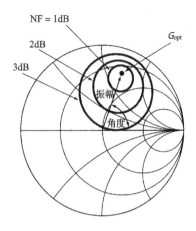

图 4.10 使用 ATF-35143 的噪声参数,仿真
分析的等噪声指数圆

Γ 为反射系数,因此,振幅无单位,相位单位为(deg)。R_n 称为噪声电阻(noise resistance),$R_n/50$ 表示 50Ω 时规格化值。

若 $R_n/50$ 小,则等噪声指数圆的间隔变宽,变成噪声指数容易调整。换句话说,即使失配,噪声指数的变化也小。

F_{min} 是信号源阻抗为 Γ_{opt} 时得到的噪声指数。

4.2.3　振荡的稳定性

在放大器设计中,最麻烦的工作是确保其稳定性。

此处,所谓"稳定"是指对电源电压变化、温度变化时,其特性变化小,除此之外,还包含不引起异常振荡的含义。

放大器也是使用比频带高很多的高频,经常会引起异常振荡,这也是在设计放大器时最需要注意的问题之一。

放大器的稳定性根据 S 参数计算出称为稳定性系数(stability factor)的指数,在仿真时进行研讨。

4.4　LNA 使用的半导体元件

4.4.1　MMIC MGA-87563

1. 特　征

MGA-87563(照片 4.1)是内有自偏置电流源、源跟随器、电阻反馈、阻抗匹配网络等单片 MMIC(Microwave Monolithic IC)。

图 4.11 是其内部等效电路。

照片 **4.1** GaAs MMIC MGA-87563 的外观 （0.5～4GHz，V_{CC}＝3V 阿吉伦工艺规程公司）

图 **4.11** LNA 用 MMIC MGA-87563 的内部等效电路

在数据表中，记载有输入输出匹配、偏置、RF 配置等详细使用方法和以下特征。

① 噪声指数：$1.6dB_{typ}$@2.4GHz。

② 增益：$12.5dB_{typ}$@2.4GHz。

③ 电源：3V 单电源。

④ 消耗电流：$4.5mA_{typ}$。

⑤ 超小型塑料封装。

2. 静态特性

表 4.2 示出了主要电气特性、S 参数、噪声参数。表 4.2(b) 中的 S_{21}、S_{12} 项的 dB 表示是把"振幅"转换为 dB 表示的情况。

(1) 稳定系数 K 指数

K 指数是"稳定系数"的别称。由于输入输出所连接负载阻抗的组合不同，LNA 有可能产生振荡。K 指数为 1 以下时，成为不稳定的负载条件。由表 4.2(b) 所示的 K 指数可知，MGA-87563 在 1.5GHz 以下范围有可能变成不稳定，其改善方法在数据表中有详细说明。

(2) 噪声指数与增益

重要的噪声指数与增益均无好坏，这种说法草率吗？若与 ATF-35143 的数据表进行比较认为，这个说法确实有些草率。

表 4.2 MMIC MIGA-87563 的主要特性

（a）电气特性

项 目	条 件	符 号	最 小	标 准	最 大	单 位
最小噪声指数	$f=0.9\text{GHz}$	$F_{\min}$	—	1.9	—	dB
	$f=1.5\text{GHz}$		—	1.6	—	
	$f=2.0\text{GHz}$		—	1.6	—	
	$f=2.4\text{GHz}$		—	1.6	—	
	$f=4.0\text{GHz}$		—	2.0	—	
最小噪声指数时输入输出间增益	$f=0.9\text{GHz}$	G_A	—	14.6	—	dB
	$f=1.5\text{GHz}$		—	14.5	—	
	$f=2.0\text{GHz}$		—	14.0	—	
	$f=2.4\text{GHz}$		—	12.5	—	
	$f=4.0\text{GHz}$		—	10.3	—	
最大输出	$f=0.9\text{GHz}$	$P_{1\text{dB}}$	—	-2.0	—	dBm
	$f=1.5\text{GHz}$		—	-1.8	—	
	$f=2.0\text{GHz}$		—	-2.0	—	
	$f=2.4\text{GHz}$		—	-2.0	—	
	$f=4.0\text{GHz}$		—	-2.6	—	
3 次截止点	$f=2.4\text{GHz}$	IP_3	—	$+8$	—	dBm
电压驻波比	$f=2.4\text{GHz}$	VSWR	—	1.8	—	—
电源电流	—	I_{DD}	—	4.5	—	mA

（b）S 参数

频率 /Hz	S_{11}		S_{21}			S_{12}			S_{22}		K
	振幅 M	相位/(°)	$G^{(注)}$/dB	振幅 M	相位/(°)	$G^{(注)}$/dB	振幅 M	相位/(°)	振幅 M	相位/(°)	指数
0.1	0.92	-5	-5.6	0.53	-90	-22.7	0.073	-7	0.86	-11	0.41
0.2	0.91	-8	-0.7	0.92	-100	-22.7	0.073	-9	0.85	-18	0.29
0.5	0.88	-20	6.7	2.15	-131	-23.4	0.068	-18	0.78	-43	0.33
1.0	0.79	-35	10.1	3.22	-170	-25.2	0.055	-26	0.61	-75	0.72
1.5	0.73	-49	11.2	3.63	163	-26.2	0.049	-33	0.50	-100	1.02
2.0	0.67	-60	11.4	3.72	140	-26.6	0.047	-39	0.42	-122	1.32
2.5	0.59	-69	11.0	3.54	119	-29.1	0.035	-40	0.31	-141	2.38
3.0	0.50	-78	10.7	3.41	101	-32.5	0.024	-52	0.25	-167	4.29
3.5	0.43	-83	10.1	3.20	85	-35.1	0.018	-12	0.20	172	6.74
4.0	0.37	-96	10.0	3.16	71	-37.7	0.013	-10	0.24	143	9.83
4.5	0.31	-91	8.7	2.72	52	-26.1	0.050	20	0.11	123	3.33
5.0	0.30	-105	8.1	2.55	42	-25.9	0.050	-3	0.17	127	3.48

注：$G=20\lg M$

（c）噪声参数

频率/GHz	最小噪声指数 $F_{\min}$/dB	最佳信号源阻抗 Γ_{opt}		R_{n}/50
		振幅	相位/(°)	
0.5	2.6	0.71	1	1.57
1.0	1.7	0.68	17	0.96
1.5	1.6	0.68	28	0.75
2.0	1.6	0.66	36	0.67
2.5	1.6	0.63	42	0.56
3.0	1.6	0.59	49	0.53
3.5	1.8	0.56	55	0.55
4.0	2.0	0.53	62	0.58

4.4.2 EMT ATF-35143

▶ 特征与电气特性

ATF-35143（照片 4.2）是分立元件，不能像内有周边电路的 MGA-87563 那样简单使用。HETM 是 High Electron Mobility Transistor 的缩写。偏置电路、匹配电路等必要的周边电路都必须自行设计，但可以构成极低噪声指数而高增益的 LNA。

照片 4.2 HEMT ATF-35143 的外观
（阿吉伦工艺规程公司）

表 4.3 示出了电气特性、S 参数、噪声参数。在数据表中示出了在不同的偏置条件下测试的多个 S 参数与噪声参数，其中示出的是 $V_{\mathrm{DS}}=2\mathrm{V}, I_{\mathrm{DS}}=15\mathrm{mA}$ 时的参数。

在数据表 4.3(a) 中记载有下列规格。

① 噪声指数：0.4dB。

② 增益：18dB。

③ $P_{1\mathrm{dB}}$：11dBm。

④ IP_3 :21dBm。

式中，$V_{DS}=2V,I_{DS}=15mA_{typ},f=1.9GHz$

ATF-35143 与 MGA-87563 相比较，频率稍不同，但噪声指数、增益等特优。

在表 4.3(b)的 S 参数中有 MGA-87563 中没有的称为"MSG 或 MAG"的项目。

表 4.3　HEMT ATF-35143 的主要特性

(a) 电气特性

项　目	条　件		符　号	最　小	标　准	最　大	单　位
最大漏极电流	$V_{DS}=1.5V,V_{GS}=0V$		I_{DSS}	40	65	80	mA
夹断电压	$V_{DS}=1.5V,I_{DS}=0.1I_{DSS}$		V_P	-0.65	-0.5	-0.35	V
静态消耗电流	$V_{GS}=0.45V,V_{DS}=2V$		I_D	—	15	—	mA
变压器电导	$V_{DS}=1.5V,g_m=I_{DSS}/V_P$		g_m	90	120	—	mS
栅极-漏极间泄漏电流	$V_{GD}=5V$		I_{GDO}	—	—	250	μA
栅极泄漏电流	$V_{GD}=V_{GS}=-4V$		I_{GSS}	—	10	150	μA
噪声指数	$f=2GHz$	$V_{DS}=2V,I_{DS}=15mA$	F	—	0.4	—	dB
		$V_{DS}=2V,I_{DS}=5mA$		—	0.5	—	
	$f=900MHz$	$V_{DS}=2V,I_{DS}=15mA$		—	0.3	—	dB
		$V_{DS}=2V,I_{DS}=5mA$		—	0.4	—	
增益	$f=2GHz$	$V_{DS}=2V,I_{DS}=15mA$	G_A	16.5	18	19.5	dB
		$V_{DS}=2V,I_{DS}=5mA$		14	16	18	
	$f=900MHz$	$V_{DS}=2V,I_{DS}=15mA$		—	20	—	dB
		$V_{DS}=2V,I_{DS}=5mA$		—	18	—	
3 次截止点	$f=2GHz$	$V_{DS}=2V,I_{DS}=15mA$	IP_3	19	21	—	dBm
		$V_{DS}=2V,I_{DS}=5mA$		—	14	—	
	$f=900MHz$	$V_{DS}=2V,I_{DS}=15mA$		—	19	—	dBm
		$V_{DS}=2V,I_{DS}=5mA$		—	14	—	
最大输出	$f=2GHz$	$V_{DS}=2V,I_{DSQ}=15mA$	P_{1dB}	—	10	—	dBm
		$V_{DS}=2V,I_{DSQ}=5mA$		—	8	—	
	$f=900MHz$	$V_{DS}=2V,I_{DSQ}=15mA$		—	9	—	dBm
		$V_{DS}=2V,I_{DSQ}=5mA$		—	9	—	

(b)S 参数

频率 /Hz	S_{11}		S_{21}				S_{12}		S_{22}		MSG 或 MAG /dB
	振幅 M	相位/(°)	$G^{(注)}$/dB	振幅 M	相位/(°)	$G^{(注)}$/dB	振幅 M	相位/(°)	振幅 M	相位/(°)	
0.50	0.99	−19.75	17.02	7.10	164.04	−32.77	0.023	77.60	0.57	−14.99	24.89
0.75	0.97	−30.58	16.90	7.00	154.98	−29.37	0.034	70.54	0.55	−20.86	23.05
1.00	0.95	−40.15	16.69	6.83	147.18	−27.13	0.044	64.80	0.54	−27.61	21.91
1.50	0.90	−58.08	16.18	6.44	132.28	−24.15	0.062	54.23	0.51	−40.74	20.17
1.75	0.87	−66.65	15.90	6.23	125.22	−23.10	0.070	49.25	0.49	−46.95	19.53
2.00	0.84	−74.93	15.59	6.02	118.41	−22.27	0.077	44.36	0.48	−53.06	28.93
2.25	0.79	−91.13	14.97	5.61	105.38	−20.92	0.090	35.36	0.44	−64.59	17.95
3.00	0.73	−107.08	14.34	5.21	93.08	−20.00	0.100	26.85	0.41	−75.32	17.17
4.00	0.64	−139.07	13.09	4.51	70.17	−18.94	0.113	11.15	0.35	−94.59	16.01
5.00	0.59	−169.70	11.90	3.93	49.03	−18.27	0.122	−2.96	0.29	−113.89	15.09
6.00	0.56	161.74	11.81	3.47	29.27	−17.79	0.129	−16.43	0.23	−134.46	14.30
7.00	0.56	133.19	9.77	3.08	10.04	−17.59	0.132	−29.47	0.17	−158.65	13.68
8.00	0.57	107.59	8.78	2.75	−8.35	−17.46	0.134	−40.80	0.14	172.14	12.29
9.00	0.60	84.16	7.75	2.44	−26.29	−17.39	0.135	−52.63	0.11	134.01	10.74
10.00	0.64	64.19	6.86	2.20	−43.56	−17.33	0.136	−63.33	0.12	95.85	9.99
11.00	0.68	45.46	5.93	1.98	−61.33	−17.27	0.137	−74.77	0.16	63.20	9.34
12.00	0.72	26.66	4.93	1.76	−78.94	−17.27	0.137	−86.46	0.22	40.01	8.57
13.00	0.74	7.70	3.80	1.55	−95.93	−17.59	0.132	−98.11	0.29	23.11	7.62
14.00	0.77	−5.93	2.68	1.36	−111.53	−17.92	0.127	−107.51	0.36	3.55	6.79
15.00	0.82	−16.54	1.63	1.21	−126.76	−18.20	0.123	−117.16	0.41	−12.09	6.76
16.00	0.82	−28.76	0.54	1.06	−142.70	−18.49	0.119	−127.03	0.47	−26.21	5.81
17.00	0.84	−40.79	−0.49	0.95	−157.02	−18.49	0.119	−137.06	0.53	−35.57	5.55
18.00	0.86	−56.40	−1.60	0.83	−172.47	−18.94	0.113	−147.50	0.58	−47.29	5.06

注：$G = 20\log M$

（c）噪声参数

频率/GHz	最小噪声指数 F_{min}/dB	最佳信号源阻抗 Γ_{opt}		$R_n/50$	增益 G_A/dB
		振幅	相位/(°)		
0.5	0.10	0.88	4.5	0.19	20.9
0.9	0.13	0.83	13.1	0.17	19.4
1.0	0.14	0.82	15.3	0.16	19.2
1.5	0.19	0.76	26.1	0.15	17.9
1.8	0.22	0.72	32.6	0.15	17.3
2.0	0.23	0.70	36.9	0.14	17.0
2.5	0.29	0.64	48.5	0.12	16.2
3.0	0.34	0.58	60.9	0.07	15.4
4.0	0.45	0.49	87.9	0.13	14.1
5.0	0.56	0.42	117.4	0.07	12.8
6.0	0.67	0.37	149.0	0.05	11.7
7.0	0.79	0.34	−178.1	0.05	10.8
8.0	0.90	0.33	−144.3	0.07	9.9
9.0	1.01	0.34	−110.2	0.13	9.2
10.0	1.12	0.36	−76.3	0.23	8.6

MAG（Maximum Available Gain）是输入输出都取得匹配时得到的增益（稳定系数大于 1 时），也称作最大有效增益。

MSG（Maximum Stable Gain）是匹配电路具有损耗，稳定系数为 1 时的增益，也称作最大稳定增益。不能用 MGA 进行定义，这是稳定系数未满 1 的条件时用作增益的大致值。

4.5 LNA 的仿真进行特性分析

现使用前面给出的阿吉伦工艺规程公司的以下两种高频半导体元件：

- MMIC MGA-87563
- HEMT ATF-35143

制作两种 LNA。首先，与设计开关时一样，通过仿真设计电路，并预测其特性。

4.5.1 使用 MGA-875635 构成 LNA 的仿真

1. 电路的说明

图 4.12 示出使用 MMIC MGA-87563 设计的 LNA。为了便

于说明,称这种电路为 LNA①。

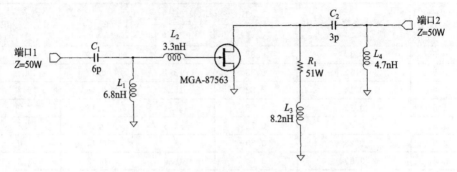

图 4.12 使用 MMIC MGA-87563 设计的 LNA①

MGA-87563 使用方法在数据表中已有详细记载,LNA 的应用说明中也有记载。

以下,对各电路框图作简单说明。

(1) C_1、L_1、L_2

这些是输入匹配电路。其常数根据噪声指数、增益、输入电压驻波比的各特性参数进行调整。

(2) R_1、L_3

输出侧的 R_1 与 L_3 的串联电路是提高低频稳定性的电路。

(3) C_2、L_4

输出侧的 C_2 与 L_4 的电路是输出的匹配电路。根据其增益与输出电压驻波比进行调整。

2. 得到的高频性能

图 4.13 示出图 4.12 的仿真结果。

输入输出匹配电路 MGA-87563 的单个特性也同时进行仿真分析。

(1) 匹配电路的效果

输入输出增设匹配电路等,由此,噪声指数、增益、输入 VSWR 等各种特性得到明显的改善。

(2) 增益、噪声指数、VSWR

由图 4.13(a)(b)可知,C_1、L_1、L_2 常数的调整结果,增益最高值偏离 24GHz 的低端,噪声指数的最小点偏离频率高端。图 4.13(c)所示输入的 VSWR 在所期望频带(2.4GHz 附近)内变得最低。

(3) 稳定系数

如图 4.13(e)所示,接入 R_1 与 L_3 的串联电路,由此 1.5GHz

以下的低端其稳定系数得到改善,频率低端降低了。为了能观察
到低端的改善情况,示出了从 0.5GHz 开始的仿真结果。

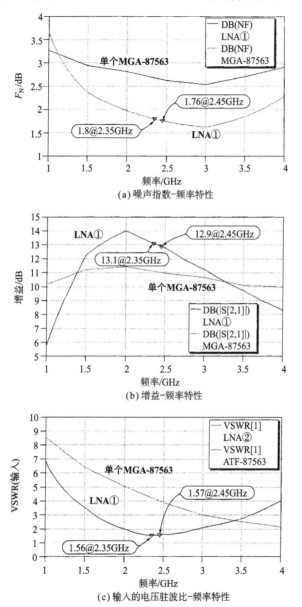

(a) 噪声指数-频率特性

(b) 增益-频率特性

(c) 输入的电压驻波比-频率特性

图 4.13 使用 MGA-87563 构成的 LNA① 所得到的特性(仿真)

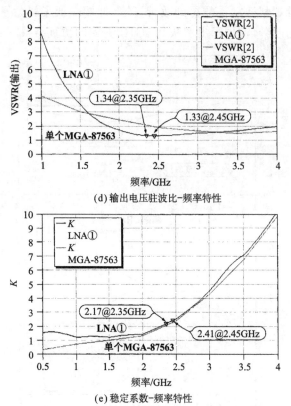

(d) 输出电压驻波比-频率特性

(e) 稳定系数-频率特性

图4.13 使用 MGA-87563 构成的 LNA① 所得到的特性（仿真）（续）

4.5.2 使用 ATF-35143 构成 LNA 的仿真

1. 需要偏置电路

由于 MGA-87563 是 MMIC，因此施加电源就能驱动，但 ATF-35143 为分立元件，若无偏置电路，电路就不能工作。必须在漏极-源极间施加正向偏置电压 V_D，在栅极-源极间施加负向偏置电压 V_G。

这里介绍两种经常使用的偏置电路。一种是施加正负双电源的偏置电路①，另一种是施加单电源的偏置电路②。

（1）偏置电路①

图4.14(a)是用正负双电源使 LNA 工作的基本电路。在栅极与漏极各自由其他电源施加偏置。由于电路构成简单且易设计，因此需要双电源 V_D 和 V_G。

（2）偏置电路②

图4.14(b)是用正的单电源使 LNA 工作的基本电路。

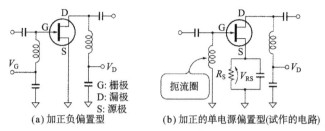

图 **4.14** HEMT 的偏置方法

电源仅是加在漏极的一个 V_D。由于栅极是用扼流圈接到地,因此,直流电位为 0V。

若在漏极施加正电压,则就会有漏极电流从源极流出。这样,接在源极与地间的电阻 R_S 上产生电压降,源极的直流电位变正。由于栅极为 0V,因此把源极电位作为基准,则 V_{GS} 为负。

由于与 R_S 并联电容,因此,高频时源极接地。以下,使用这种型式的偏置电路试作 LNA。

2. 偏置电路的设计

图 4.15 是试作 LNA②的偏置基本电路。

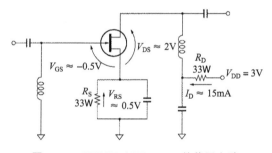

图 **4.15** HEMT ATF-35143 的偏置电路

若满足 $V_{DS}=2V,I_D=15mA$ 的条件,则 R_S 的值可依照图 4.14(b)来确定。

根据数据表中记载的 I_{DS}-V_{DS} 特性曲线(图 4.16)可知,$V_{DS}=2V,I_D=15mA$ 时 $V_{GS}\approx-0.5V$。

漏极电流为 15mA 时,在 R_S 上产生约 0.5V 的电压降,因此,需要约 33Ω 阻值的电阻,试作时设定 $R_S=33\Omega$。

设定 $V_{DD}=3V,V_{DS}=2V,V_{RS}=0.5V$,在电源和漏极间接入 33Ω 的电阻 R_D,其上电压降为 0.5V。

3. 电路的说明

图 4.17 示出设计的 LNA,这种电路称为 LNA②。

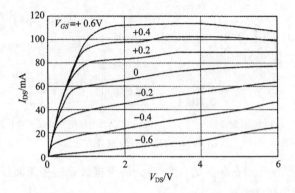

图 4.16　HEMT ATF-35143 的 V_{DS}-I_{DS}特性

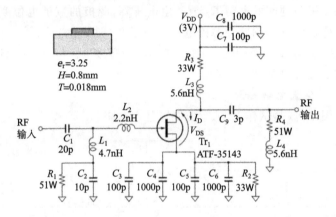

图 4.17　使用 HEMT ATF-35143 设计的 LNA②

(1) L_1、L_2、R_1

试从栅极侧来看工作的情况。

栅极通过 L_1、L_2、R_1 接地。L_1 和 L_2 兼作偏置电路与输入匹配电路。在 L_1 与地间接入的 R_1 与 C_2 的作用是改善频带低端的稳定系数。

(2) R_2、$C_3 \sim C_6$

研究一下源极连接的电路。

R_2 相当于图 4.15 中 R_S。$C_3 \sim C_6$ 是高频时源极接地的电容。

由照片 4.2 可知,由于有两条引线,因此,在各引线上接入两个电容。

考虑到源极部分的印制图案影响其特性,仿真时在源极与电容间接入微带线。

（3）L_3、R_3、C_7、C_8

试考察一下漏极侧的电路。

L_3、R_3、C_7、C_8 是漏极的偏置电路。对于实际的电路，在 R_3、C_7、C_8 的连接点处施加直流偏置。L_3 与 C_9 也兼作输出的匹配电路。

在 C_9 与端口 2 间接入的 R_4 与 L_4 的串联电路与 MGA-87563

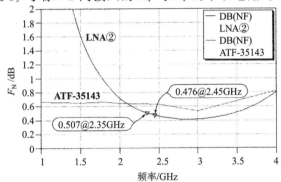

(a) 噪声指数-频率特性

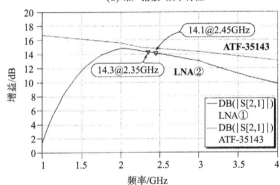

(b) 增益-频率特性

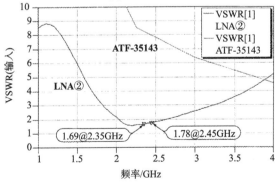

(c) 输入的电压驻波比-频率特性

图 4.18 使用 ATF-35143 设计的 LNA②所得到的特性（仿真）

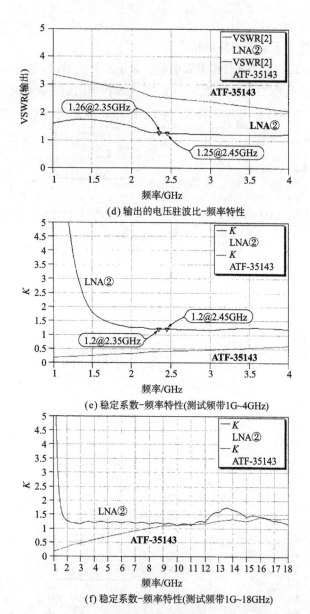

(d) 输出的电压驻波比-频率特性

(e) 稳定系数-频率特性(测试频带1G~4GHz)

(f) 稳定系数-频率特性(测试频带1G~18GHz)

图 4.18 使用 ATF-35143 设计的 LNA② 所得到的特性(仿真)(续)

的电路一样,是改善稳定性的电路。这只是接在输入侧的电路,由于稳定性不能得到充分的改善,因此,也要在输出侧接入这种电路。

4. 得到的高频性能

图 4.18 示出仿真结果,对输出输入失配电路单个 ATF-35143 构成的 LNA 电路特性也进行了分析。

（4）增益、噪声指数、VSWR

由图 4.18(a)和(b)可知,这种电路能得到 0.5dB 左右的噪声指数与 14dB 左右的增益。若与 MMIC 的 MGA-87563 进行比较,则具有非常好的性能。如图 4.18(c)和(d)所示,输入输出 VSWR也与 MGA-87563 的 LNA 相同等级。

（5）稳定系数

放大器等有源电路使用到半导体元件的截止频率时,有可能引起异常振荡。因此,如图 4.18(f)所示,对数据表中 S 参数的上限频率(18GHz)的稳定系数进行分析。

由图 4.18(e)和(f)可知,与失配电路时相比较,LNA②的频率低端的稳定系数得到较大改善。其原因是在低频时,偏置电路的 L_1 变为低阻抗,C_2 成为高阻抗,通过 L_1,而由 R_1 作为终端。高频时,L_1 变为高阻抗,C_2 变为低阻抗,相当于没有 R_1。

4.6 使用 MMIC MGA-87563 的 LNA 制作

使用 MMIC MGA-87563 设计制作低噪声放大器 LNA①。

4.6.1 规格与电路的说明

（1）规 格

由上述仿真结果,制作的 LNA 的目标规格($V_{DS}=2V, I_D=15mA$)具体如下。

① 频带:2.35GHz～2.45GHz。

② 噪声指数:2.0dB 以下。

③ 增益:12dB 以上。

④ 输入输出的 VSWR:2 以下。

⑤ 电源电压:3V。

▶ 电路的说明

电路如图 4.19 所示。

LNA①的基本电路如图 4.12 所示,但需要增设由数据表中示出的电阻 R_2 与旁路电容 C_3 构成的电路。R_2 是用来抑制特性变坏与振荡等的电阻。请参照数据表中的详细说明。电阻与电容等无源元件使用 1608 型的元件。

1. 印制基板的制作

这与 SPDT 开关一样制作印制基板。

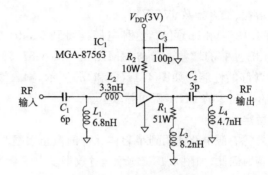

图 4.19 LNA①的试作电路

图 4.20 示出 MGA-87563 的外型尺寸。由于引线间隔只有 0.65mm,因此,加工印制图案时需要注意。电阻、电容、电感使用 1608 型。

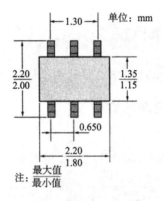

图 4.20 MMIC MGA-87563 的外型尺寸图

图 4.21 示出试作电路的印制图案和元件组装图。

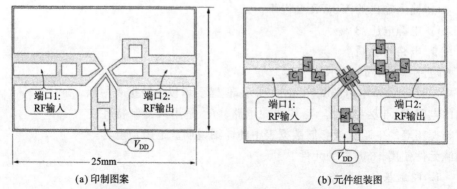

图 4.21 LNA①基板的印制图案和元件组装图

基板使用介质厚度为 $0.635\mathrm{mm}$,铜箔厚度为 $18\mu\mathrm{m}$ 的高频用基板 25N(Arlon 公司)。

连结端口 $1\sim\mathrm{IC}_1\sim$端口 2 的传输线使用特性阻抗 50Ω 进行设计,50Ω 线宽的计算值为 $1.5\mathrm{mm}$。

现简单说明印制图案的制作步骤。

① 使用规尺与笔记用具,在基板铜箔表面上描绘图案。

② 沿着所描绘的图案,用小刀切入铜箔。

③ 用小刀、夹子、尖嘴钳,将不要部分的铜箔除掉。

④ 将不需要的铜箔除掉后,将元件组装面等焊接处弄干净。

照片 4.3 表示经过上述①～④步骤所制作的基板外观。

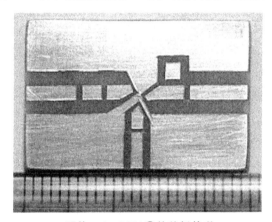

照片 4.3　LNA①的基板外观

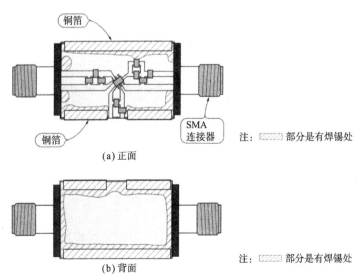

(a) 正面

注:▨▨ 部分是有焊锡处

(b) 背面

注:▨▨ 部分是有焊锡处

图 4.22　SMA 连接器和基板的接合

2. 实装元件与组装

基板加工好之后实装元件。

需要注意的是 MGA-87563 的焊接。由于端子间隔只有 0.65mm，因此，端子彼此间有可能被焊接成短路。

实装好元件后，在各端口安装连接器。如图4.22所示，将 SMA 插座直接焊接基板上。

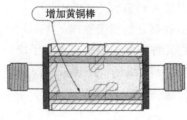

增加黄铜棒

图4.23 增加强度的方法

使用厚度 0.1mm 的铜箔将位于传输线两侧的接地图案与背面的接地图案连接起来。

这样，试作的基板大致完成了，但需要解决此问题，即在基板上无意施加力时，实装的元件也不会受到伤害。如图4.23所示，在其背面，焊接上铜板、黄铜棒等增加基板的强度。使用厚而硬且不易变形的基板时，不需要这种增强措施。

照片4.4示出元件的实装与组装成的 LNA① 的外观。

(a) 正 面

(b) 背 面

照片4.4 安装有 SMA 连接器的 LNA① 的外观

4.6.2 评价时的检测点

1. 测试增益时使 LNA 不饱和

如 LNA 那样,测试具有增益电路的特性时,要注意网络分析仪输出电平的设定。

网络分析仪的端口输出电平的预设值一般为 0dBm。正常工作时,LNA①的增益应约为 12dB。

MGA-87563 的 P_{1dB} 根据数据表约为 $-2dBm$,网络分析仪的端口输出电平保持为初始值,LNA①的输出完全饱和。

在这种测试条件下,由于不能测试正的增益,因此,需要将端口输出电平设定为适当值。若 MGA-87563 损坏的话,请不要因判断错误而进行更换。

这里,LNA①的输出电平 P_{1dB} 为 $-10dB$,即为 $-12dBm$ 那样,端口输出电平设定为 $-25dBm$。

2. 降频测试噪声指数

噪声指数通常用噪声指数表进行测试。

这里,使用现有的噪声指数表 HP9870A。用单个 HP8970A 能测试的频带为 $10\sim1600MHz$(标准)。

测试 GHz 频带电路的特性时,必须降低测试频率使其与噪声指数表的规格一致,即可进行测试。

图 4.24 示出的是利用频率转换的一般测试系统。由图可知,为了测试噪声指数,需要有隔离器、混频器等各种部件,但此处是不隔离测试。

测试值是受输入电压驻波比影响状态的值,此处所示噪声指数请作为一定程度的参考。

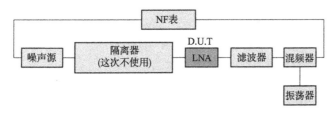

图 4.24 一般的噪声测试系统

4.6.3 初始性能

1. 调整前的增益与输入输出的 VSWR

图 4.25 示出无调整状态时 LNA①的增益，输入和输出电压驻波比的各种特性，V_{DD} 为 3V。

观察各种特性，首先看到的是，图 4.25(c)所示输出电压驻波比在 2GHz 附近见到的最高值。在图 4.25(b)所示的输入电压驻波比中，在其附近也看到有隆起的部分。

若观看图 4.25(a)所示的增益特性，则增益曲线在 2GHz 附近降低，只能得到 11dB 左右的增益。必须查明原因并采取相应的对策。

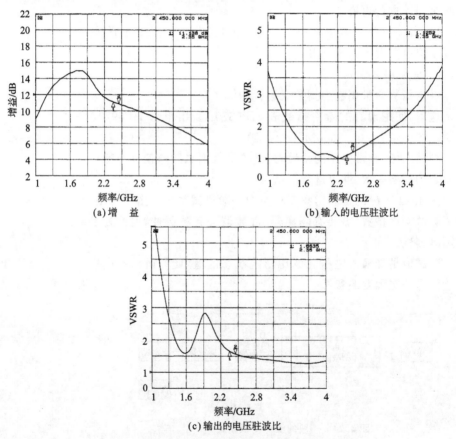

(a) 增 益

(b) 输入的电压驻波比

(c) 输出的电压驻波比

图 4.25 调整前增益与电压驻波比的频率特性（实测）

2. 预测出特性易变坏之处

按以下步骤寻找原因：

① 检查偏置。

② 检查各元件是否焊接好,元件是否破裂。

③ 触诊。

或许认为"触诊"是医学上的专用诊断方法,但在高频电路中它也是行之有效的方法。

用手指触及电路的各部分时,观察其特性的变化,可以找到其特性变坏之处,这需要有丰富的经验。触诊时,决不能触及大功率、高电压电路。

4.6.4 特性的改善

根据"触诊"的结果,在 MMIC 周边接地中,能找到所存在问题的地方。

1. 印制基板的对策

（1）强化 MMIC 的接地功能

在 MMIC 周边的接地图案部分开孔,用金属制的印制基板用连接引线将其正面与背面的接地接在一起,以强化接地功能试试看。

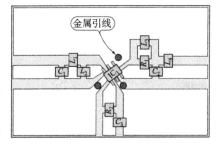

图 4.26 强化接地后元件实装图

图 4.26 是加工后的实装图,照片 4.5 是其外观,金属引线是从 RS 元件公司 (http://rswww.co.jp)购买的产品。

（2）增益提高 1dB

图 4.27 示出采取对策后的增益及输入和输出的电压驻波比。在输出电压驻波比中少许留有最高值,但增益特性的降低受到改善,约提高 1dB。

这与图 4.25(b)相比较,输入电压驻波比的特性曲线变化的原因是接地状态变化引起的。

2. 元件的对策

调整电容与电感的常数,进一步改善其特性。

照片 **4.5** 用金属引线连接正面与背面来强化接地的 LNA①

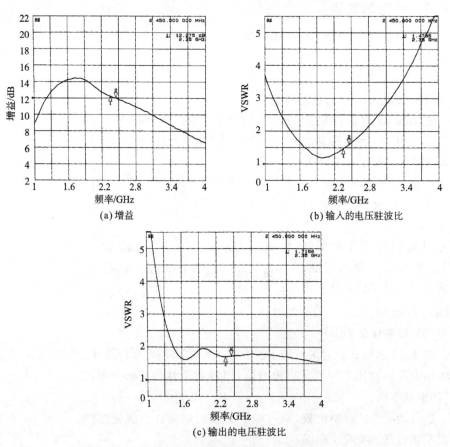

(a) 增益

(b) 输入的电压驻波比

(c) 输出的电压驻波比

图 **4.27** 强化接地后增益与电压驻波比的频率特性(实测)

图 4.28 是电路图。图 4.29 是实装图,照片 4.6 是基板的样
子。用的仅是由金属引线强化接地,除去从不能除掉特性的最高

值开始进行调整。反复触诊,在偏置电源线上增设 C_4(1pF)。

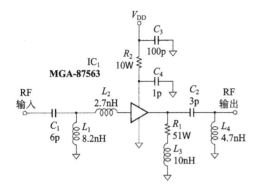

图 4.28 常数调整后 LNA① 的电路

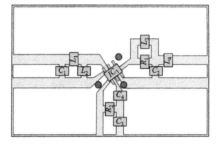

图 4.29 常数调整后的元件实装图

照片 4.6 常数调整后的 LNA①

由于增设了 C_4,输出电压驻波比的最高值消失了,但输入电压驻波比的中心偏离到频率的低端,因此,L_1 值由 6.8nH 变为 8.2nH,L_2 值由 3.3nH 变为 2.7nH。为了进一步改善增益特性,L_3 值由 8.2nH 变为 10nH。

3. 最终电路的特性

(1) 增益和电压驻波比

图 4.30 示出测试结果。

增益相对目标值 12dB 还有裕量,特性曲线的斜率也变缓和。

输入电压驻波比的特性曲线变缓,输出电压驻波比变成无最高值的直线特性曲线。

(2) 噪声指数

图 4.31 示出测试结果。虽比目标值(2dB)差 0.5dB 左右,但因调整使增益、电压驻波比最佳,难道不是尚好的特性吗。但是,如前所述,图 4.31 所示测试结果是参考值。

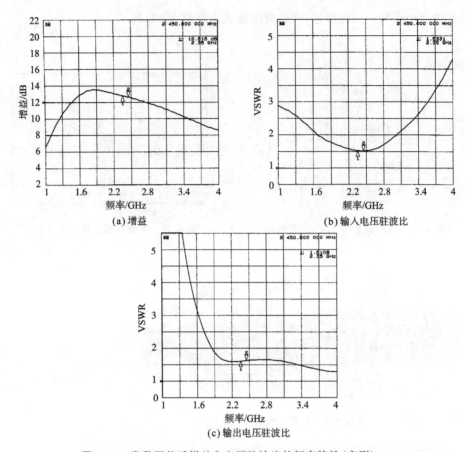

(a) 增益　　　　　　　　　　　　(b) 输入电压驻波比

(c) 输出电压驻波比

图 4. 30　常数调整后增益和电压驻波比的频率特性(实测)

(3) P_{1dB}

图 4. 32 示出测试结果。比数据表中值稍差,但能得到接近目标值(-2.77dBm)。

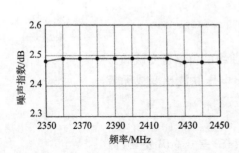

图 4. 31　LNA①的噪声指数(实测)

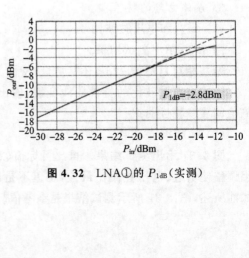

$P_{1dB} = -2.8$dBm

图 4. 32　LNA①的 P_{1dB}(实测)

4.6.5 试作前仿真预测与评价结果的比较

试比较一下试作前的仿真结果与常数调整后的实测值。

1. 与反映元件常数调整的仿真进行比较

改变调整前电路(图 4.12)中 L_1、L_2、L_3 的值,将其值反映到印制图案上,再进行仿真测试。图 4.33 示出仿真电路,图 4.34 示出分析结果。

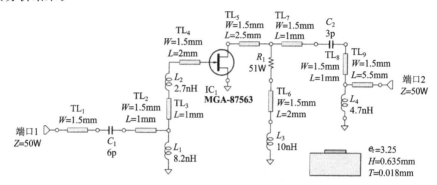

图 4.33 常数调整后 LNA① 的仿真电路

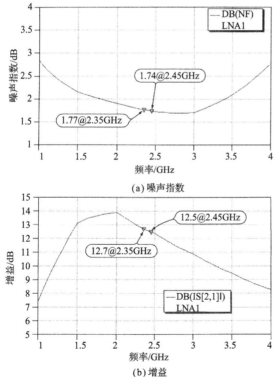

(a) 噪声指数

(b) 增益

图 4.34 常数调整后 LNA① 的特性(仿真)

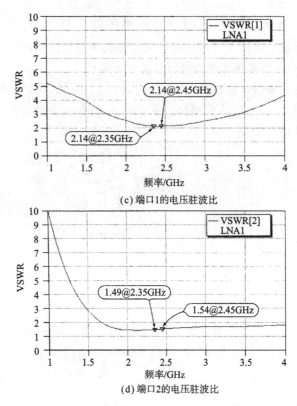

图 4.34   常数调整后 LNA①的特性(仿真)(续)

增益与输出电压驻波比得到非常接近实测值的特性曲线。

输入的电压驻波比虽稍偏离实测值,但特性曲线的形状非常类似。

图 3.34 示出噪声指数的仿真值为最佳值。即使考虑仿真中未包含输入连接器的损耗(0.05dB 程度),但仍有相当大的差异。

2. MMIC 周边的接地处理不良

试作的 LNA①与仿真的特性存在差异,考虑其接地处理是重要的原因之一。用金属引线将 MMIC 周边的接地与背面接地图案连接起来,但输出电压驻波比的最高值不能完全除掉,因此,可以认为是接地不良所致。

4.7   使用 HEMT ATF-35143 制作的 LNA

使用 4.5 节设计的 HEMT ATF-35143,制作低噪声放大器 LNA②。

4.7.1 规格与电路的说明

(1) 具体规格($V_{DS}=2V, I_D=15mA$)如下所示

* 频带:2.35G~2.45GHz
* 噪声指数:0.8dB 以下
* 增益:14dB 以上
* 输入 VSWR:3 以下
* 输出 VSWR:2 以下
* 电源电压:3V
* 消耗电流:15mA$_{typ}$

(2) 电路的说明

如图 4.17 所示的电路。该电路的直流偏置设定为 $V_{DD}=3V$, $V_{DS}=2V, I_D=15mA$。

1. 印制基板的制作方法

图 4.35 示出 ATF-35143 的外型尺寸。电阻、电容、电感使用 1608 型单片元件。

图 4.36(a)示出印制图案。只是通过图案仍无法充分地了解元件的配置,因此,图 4.36(b)也给出了元件实装图。

基板使用介质厚度为 0.635mm,铜箔厚度为 $18\mu m$ 的高频用基板 25N(Arlon 公司制)。照片 4.7 示出制作的基板的外观。

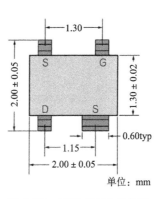

图 4.35 ATF-35143 的外型尺寸图

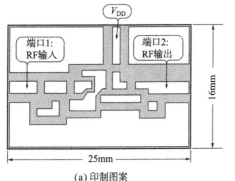

(a) 印制图案

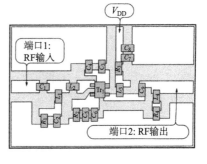

(b) 元件实装图

图 4.36 LNA②的基板

2. 实装元件与组装

基板加工好后,实装元件。在实装时要注意的是,处理 ATF-35143 时不能受到静电的影响。

组装时要戴上如照片 4.8 所示的防静电手环,用于泄放人体的静电。电烙铁也要使用有防静电措施的产品。

元件实装好后,在各端口安装连接器。其次,使用厚度为 0.1mm 左右的铜箔将位于基板正面传输线两侧的接地图案与背面的接地图案连接起来。

最后,为了增加基板的强度,在背面焊接铜板与黄铜棒等。

照片 4.9 示出实装元件与组装完成后 LNA②的外观。

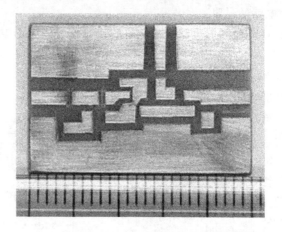

照片 **4.7** LNA②基板的外观

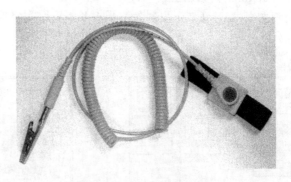

照片 **4.8** 防静电手环的外观

(a)正　面

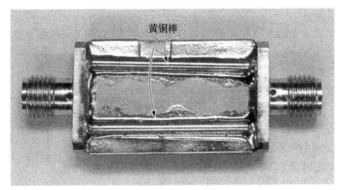

(b)背　面

照片 4.9　安装有 SMA 连接器的 LNA②

4.7.2　评价时的检测点

1. 设定网络分析仪的输出使 LNA 不饱和

根据数据表,ATF-35143 的 $P_{1\mathrm{dB}}$约为 10dBm($V_{\mathrm{DS}}=2\mathrm{V}$,$I_{\mathrm{D}}=15\mathrm{mA}$)。

由于 LNA②的预想增益约为 14dB,因此,对于原来预设状态的端口功率(0dBm),LNA②的输出完全饱和。

为此,测试时端口功率设定为−20dBm。

2. 用混频器降低频率来测试噪声指数

使用噪声指数表 HP8970A 测试噪声指数。用单个噪声指数表不能直接测试 2GHz 频带时的值,因此,使用混频器进行频率转换。

将混频器所输入的信号发生器的频率设定为 2.8GHz,通过测试频率(2.35～2.45GHz)，接入低通滤波器 LPF 对镜象频率(3.15～3.25GHz)进行衰减。

为了减少混频器的转换损耗对噪声指数的影响，在 LPF 和混频器之间接入 2GHz 频带的 LNA。

推荐好书

■ 月刊 MICROWAVE JOURNAL

开始从事高频-微波领域中工作时，首先是否感到用于设计的信息量很少。

在日本出版的有关高频-微波的书籍数量较以前多，但其他国家的出版物数量非常多，内容也很充实。而且，限于高频-微波领域的月刊杂志也发行了。

介绍其中的 MICROWAVE JOURNAL，出版社为 Horizon House Publications Inc.。刊载各种电路的最新设计事项和各种装置或计测器等新产品的广告。

由于能免费预约得到，因此，请浏览主页。

网页的地址为http://www.mwjournal.com/。

4.7.3 初始性能

图 4.37 示出无调整时增益、输入和输出的电压驻波比、噪声指数，V_{DD} 为 3V。

直流偏置时漏极电流 I_D 为 13.7mA，源-漏间电压 V_{DS} 为 2.08V。在无调整状态下，没有发生异常振荡，能稳定工作。

▶ 调整前的增益、输入输出的 VSWR、噪声指数

观察各种特性，首先注意的是图 4.37(b)的输入电压驻波比。电压驻波比最佳(低)区域由 2.4GHz 偏离到低频端。

若观察图 4.37(a)的增益特性可知，在输入电压驻波比低的频率点，增益变高。2.4GHz 时增益约为 10dB，若考虑 ATF-35143 的实力，则有改善的余地。

图 4.37(c)所示输出的电压驻波比在测定频率范围内为 2 以下，已明显到达设定的目标值(2 以下)。

图 4.37(d)的噪声指数，无调整时能得到接近目标值(0.8 以

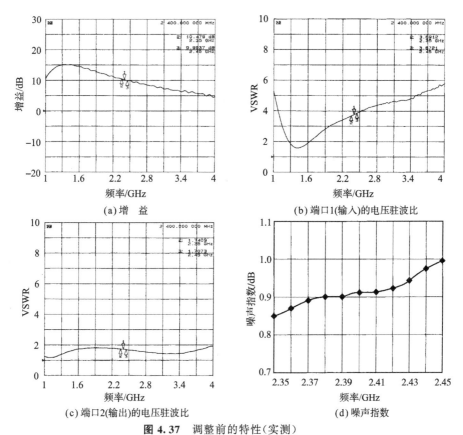

(a) 增 益

(b) 端口1(输入)的电压驻波比

(c) 端口2(输出)的电压驻波比

(d) 噪声指数

图 4.37 调整前的特性(实测)

下),与增益一样,若偏离 ATF-35143 的性能,则有改善的余地。

4.7.4 特性的改善

为了尽量不改变电路构成,只调整构成电路元件的常数,就能改善其特性。由于直流偏置已接近设计值($V_{DS} = 2V$, $I_D = 15mA$),因此,偏置电阻不用改变。

1. 改变输入电路元件的对策

(1)改变的内容

在初始性能中,特别要注意的是输入电压驻波比的频率偏移,从输入侧电路开始调整。

由于输入侧电路的调整对噪声指数特性的影响很大,因此,要交互使用网络分析仪与噪声指数表,一面交互确认增益、电压驻波比、噪声指数,一面进行调整。

最终改为:

- L_1 ：4.7nH→6.8nH
- L_2 ：2.2nH→0Ω（跳线）

（2）对策的效果

图 4.38 示出改变后的特性。由于这种改变，输入电压驻波比变为平坦特性，也达到设计目标值（3 以下）。输出电压驻波比也得到改善，在 1～4GHz 时为 1.5 以下。增益特性的斜率也变得缓和，在 2.4GHz 时约增加 1dB。噪声指数的斜率也得到改善，噪声指数值与调整前不怎么变。

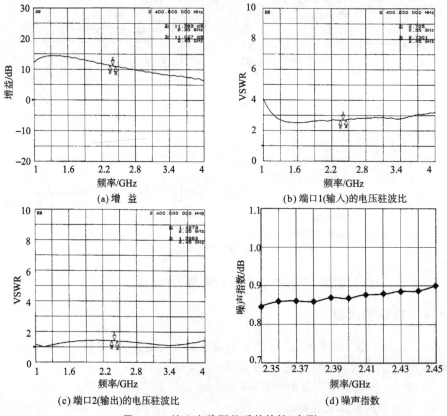

图 4.38 输入电路调整后的特性（实测）

2. 改变输出电路的调整元件的对策

（1）改变的内容

输入和输出的电压驻波比能达到目标值，噪声指数也能得到接近目标值。其次，比目标值（14dB）约低 3dB 的增益作为重点进行调整。

不是在由 R_4 和 L_4 构成的稳定性改善电路中采取措施，而是

对包含 L_3 的漏极侧偏置电路周边与 C_9 进行调整。最后的调整结果如下：

- L_3：5.6nH→3.3nH
- 增设与 L_3 并联的 1pF 电容
- C_9：3pF→2pF

（2）对策的效果

图 4.39 示出调整后的特性。增益的改善作为重复进行调整，但增益只能提高约 0.2dB。

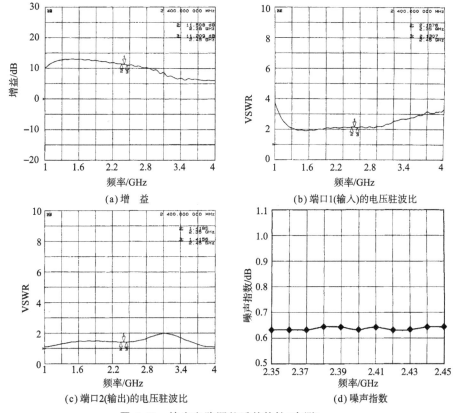

(a) 增　益

(b) 端口1(输入)的电压驻波比

(c) 端口2(输出)的电压驻波比

(d) 噪声指数

图 4.39　输出电路调整后的特性(实测)

若观察其他的特性，则输入电压驻波比在 1.2～3GHz 时得到较大改善，在 2.4GHz 时由 2.70 变为 2.15。输出电压驻波比在 3GHz 附近变差，但在 2.4GHz 附近几乎不变的。

输出电路调整的最大效果是噪声指数得到改善，约得到 0.2dB 的改善，能充分达到目标值。

（3）仅增益改善不能满足规格

这里仅增益改善不能满足目标值。仅 1 次调整输入侧与输出侧，但对于实际制品的开发设计，它是反复调整，进一步追求其特性。不能得到期望的特性时，在途中停止调整，有时也改变电路构成、重新评价、再进行设计。局限于一种电路也非常重要，但核心是观察花费的时间与要弄清的原理。

3. 最终电路的特性

图 4.40 是对策后的电路图，图 4.41 是实装图，照片 4.10 是基板的外观。

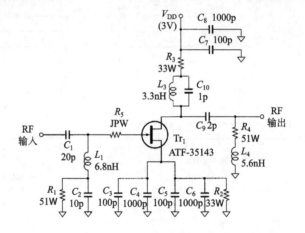

图 4.40 改善特性的 LNA②

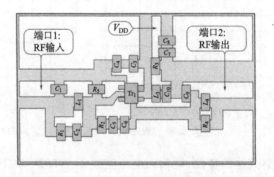

图 4.41 最终 LNA②的元件实装图

（1）P_{1dB}

图 4.42 示出测试结果。测试结果的值也比数据表中所示的

值(11dBm)差 4dB。实际设计时,在调整过程中也需要确认 P_{1dB}。

照片 **4.10** 改善特性 LNA②的基板

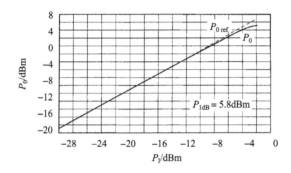

图 **4.42** LNA②的 P_{1dB}(实测)

(2) 电源电压变化时噪声指数与增益

电源电压变化时噪声指数与增益以及偏置(V_{DS} 和 I_D)的变化如图 4.43 所示。由此可知,在非常宽的电压范围内能得到稳定的性能。

(3) LNA①与 LNA②的比较

试比较一下使用 MMIC MGA-87563 的 LNA① 与现使用 HEMT 试作的 LNA②的特性。

LNA①的设计与调整都较简单,但噪声指数不佳。而 LNA②的设计与调整较难,但设计自由度大,噪声指数特性也优异。

实际设计时,并不是使用 MMIC 和 HEMT 中的哪一种,必须依据用途与要求的性能、成本,分别使用 MMIC 和 HEMT。

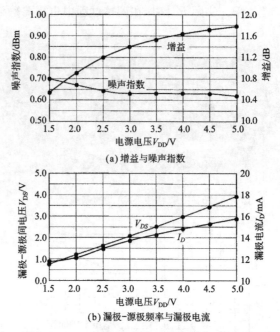

(a) 增益与噪声指数

(b) 漏极-源极频率与漏极电流

图 4.43 LNA②对电源电压的依赖性(实测)

4.7.5 试作前仿真预测与评价结果的比较

对最后设定的电路构成和元件常数,加上印制图案的等效电路的图 4.44 所示电路,再进行仿真的结果如图 4.45 所示。

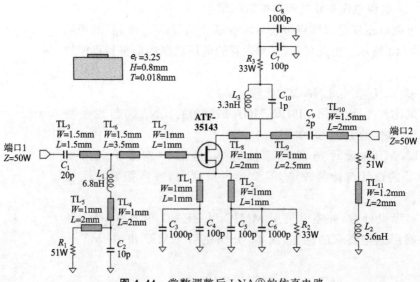

图 4.44 常数调整后 LNA②的仿真电路

　　由图 4.45 可见,仿真值与试作基板的特性值有很大偏差。这
与 LNA①一样,考虑的主要原因是实际基板的地不具有理想的阻
抗特性。

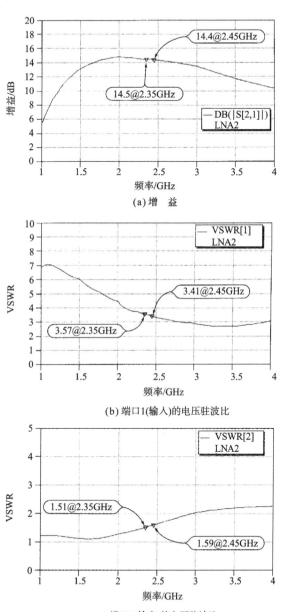

(a) 增　益

(b) 端口1(输入)的电压驻波比

(c) 端口2(输出)的电压驻波比

图 4.45　常数调整后 LNA② 的特性(仿真)

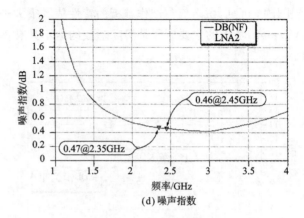

(d) 噪声指数

图 4.45 常数调整后 LNA②的特性(仿真)(续)

仿真上的地阻抗在全频带范围内为 0Ω,但试作基板的地是没有使用贯穿孔的不完全地。

功率放大器的小知识

2GHz 频带的收发信号系统中使用的放大器,大致可分为接在信号输入侧的 LNA 与接在信号输出侧的功率放大器(以下,简称 PA)。

对于 LNA,要求噪声指数低,但对于 PA,要求哪种特性呢?

1. PA 的作用和所要求的特性

(1)作 用

由其名称也可知,PA 是能输出大功率的信号放大器。

如图 4.A 所示,一般来说,PA 设置在发射机天线的前级。发射机与接收机间的距离大时,接收侧接收到的信号电平也会在一定值以上,其作用是将发射信号放大并输出。由此,通讯对方的接收电路可对无错误的数据进行解调。

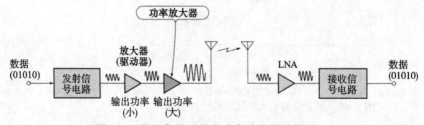

图 4.A 收发信号系统中功率放大器的作用

（2）应是低失真

设计放大小信号电平（功率）的 LNA 时，成为问题的是噪声，但处理大功率的 PA 成为问题的是失真。要求 PA 的输入信号尽量无失真地放大。若信号失真，高频信号的载波数据就会有损失。

2. PA 的输入输出特性

（1）在小信号领域特性为线性，在大信号领域特性为非线性

图 4.B 示出典型的高频 PA（增益 10dB）的输入输出特性。

在输入电平较小范围，放大器的输出电平对于输入电平是以斜率 1 进行增大。该工作范围称为线性区。

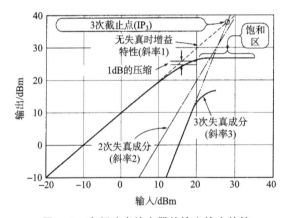

图 4.B 高频功率放大器的输入输出特性

若输入电平增大，则实际输出电平也比线性区增益所确定的输出电平小，该工作范围称为非线性区。

在非线性区，不仅功率增益降低，而且还产生失真。所谓功率增益是输入电平与输出电平的比值（输出电平/输入电平）。

（2）最大输出的目标"P_{1dB}"

P_{1dB} 是放大器输出功率的目标。若超过 P_{1dBS}，则增益会急速降低，输出电平达到饱和。

（3）线性性能的目标"互变失真"

在放大器的带宽内，频率间隔为几 MHz 的两种信号作为放大器的输入信号时，输出信号产生失真。与前述的 P_{1dB} 一样，根据该失真的大小就能判断放大器是线性工作，还是非线性工作。

若将 f_1 和 f_2 两种频率的信号输入到放大器中，则在输出中，除了这两种信号以外，还有互调产生的频率为 $mf_1 + nf_2$（m 和 n 为整数）的信号。$m + n$ 称为互调次数，图 4.C 示出这种情形。

利用第 5 章所说明的 LNA 非线性特性进行混频的实验可知，在其内部

通过放大器的非线性特性将两种信号进行混合,从而产生各种频率成分的信号。PA 也是与 LNA 一样的放大器,产生互调,互调也称为 IM(InterModulation)。

（4）3 次互调失真点"IP_3"

若增大输入电平,输出失真变大,则在互调成分中,特别是受到 3 次项支配。

此处,互调失真用图 4.B 所示的 3 次互调失真点(IP_3)表示,IP_3 比 P_{1dB} 约大 10～12dB。

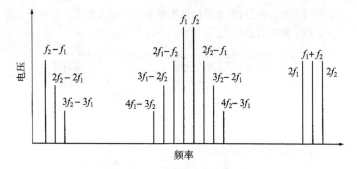

图 4.C　互调产生新的频率成分

（5）效　率

电源的电流乘上电源电压可求出 PA 的消耗功率,效率是该功率与输出高频功率之比。

直流电源供给的功率并不是全部转换为 PA 输出的高频功率。即使不输出信号,也常有无效电流等流通。

一般来说,PA 与额定输出成正比,消耗电流也变大。与 LNA 比较,其输出大,LNA 的消耗电流为几 m～几十 mA,而 1W(30dBm)左右输出的 PA,其消耗电流也接近 1A。

对于电池供电的装置,降低 PA 的消耗功率是非常重要的。

若为 PA 供给电源,则未转换为高频功率的功率根据能量守恒定律,全部转换为热量。若不散热,则 PA 的温度就会逐渐上升而被损坏。对于内置PA 的基板与装置,也要十分注意散热设计。

第 5 章
混频器的设计与制作
——升降频技术

5.1 混频器的作用

如图 5.1 所示,在收发信号电路中,其接收与发射信号侧各自接入混频电路。在接收信号侧,天线的输入信号与振荡器的输出信号进行混合,在发射信号侧,基带电路的输出信号与振荡器输出信号进行混合。

"混频器"如其名,是指信号与信号的混合电路。那么,为何需要将两种信号进行混合呢?又如何进行信号的混合呢?以下的说明回答了这些问题。

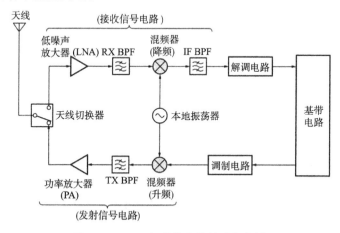

图 5.1 2GHz 频带收发信号系统实例

5.1.1 发射信号电路中混频器的作用

观察一下图 5.1 所示的收发信号电路。

在调制电路中,混频器将被低频模拟或数字信号调制的载波与本地振荡器（Local Oscillator）输出信号进行混合。混频器的作用是将 100～300MHz 信号频率提高到发射信号频率 2.4GHz（图 5.2（a））。功率放大器将该信号放大，作为电波由天线发射出去。

收发信号与低频数据信号中间频率的信号称为中频信号（IF：Intermediate Frequency）。

5.1.2 接收信号电路中混频器的作用

LNA 将天线接收到的高频信号（RF 信号）进行放大，混频器将该信号与本地振荡器输出信号进行混合。

混频器的作用是将 2.4GHz 的 RF 信号降低为 100～300MHz 的 IF 信号（图 5.2（b））。

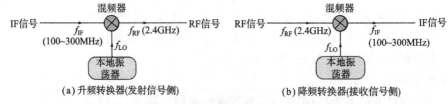

(a) 升频转换器(发射信号侧)　　　　　(b) 降频转换器(接收信号侧)

图 5.2 混频器的基本工作原理

5.1.3 转换频率的必要性

▶高频信号处理难且成本高

半导体元件虽不断地发展，但直接使用 2GHz 频带频率不太实际，设计稳定工作的调制解调电路与放大电路不容易，能使用的元件也有限，因此成本较高。

一般的收发信机使用混频器将其信号转换为较收发信号频率低 1 个数量级的低频信号之后，再加以放大、调制与解调。

IF 频率如何使用 IF 滤波器（SAW 滤波器），也就是说，这与使用现有元件还是使用开发的新规格元件有很大关系。若使用作为新规格开发的 SAW 滤波器，虽能设定在所期望的频率，但要花费 100 万日元以上的费用。以低成本为目标的情况，最好使用现有的滤波器。

近几年来，高频电路的 IC 化急速发展，增加了新的电路方式。例如，不使用 IF 信号，而是直接在高频信号中进行调制解调的直接转换方式或低 IF 方式等。2.4GHz 的 IC 化也在急速发展，已经不需要用分立式元件进行电路设计。

5.2 频率转换的原理与实际方法

5.2.1 频率不同的信号相乘就会产生其他频率成分

混频器是将输入的两种信号进行混合,混频方式有两种。一种是"加"操作,另一种是"乘"操作。

哪种频率转换方式较佳呢?

▶ 只是相加,不会产生其他的频率信号

设混合的两种信号为 $a(t)$、$b(t)$,频率分别为 f_1、$f_2(f_1 > f_2)$。为了便于理解,$a(t)$ 和 $b(t)$ 是用下式表示的单一正弦波。

$$a(t) = A\sin\omega_1 t \tag{5.1}$$

$$b(t) = B\sin\omega_2 t \tag{5.2}$$

式中,A、B 为常数;$\omega_1 = 2\pi f_1$;$\omega_2 = 2\pi f_2$。

根据式(5.1)和式(5.2),则有

$$a(t) + b(t) = A\sin\omega_1 t + B\sin\omega_2 t \tag{5.3}$$

图 5.3 示出信号流与频谱。

由式(5.3)可知,即使两种信号相加,也不会彼此相互影响,产生新的频率信号。因此不能用作混频器。这种操作相当于功率合成器将两种信号进行合成。

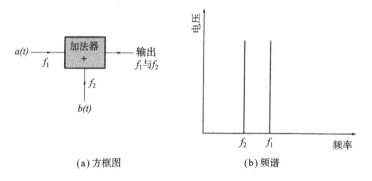

(a)方框图   (b)频谱

图 5.3 频率 f_1 与 f_2 两种信号相加的情况

功率合成器具有多个输入端子,它是将输入信号进行合成(相加),由一个输出端子输出的无源电路。为使各输入端子所连接电路不相互影响,输入端子间的隔离特性视为很重要。若信号流反向使用,则变成将一个输入分配给多个输出的功率分配器。

功率合成器经常使用威尔金森功率合成器（Wilkinson power combiner），而功率分配器经常使用威尔金森功率分配器（Wilkinson power divider）。

● "乘"操作产生和与差的频率信号

根据式（5.1）和式（5.2），则有

$$a(t)\ b(t) = AB\sin\ (\omega_1 t)\ \sin\ (\omega_2 t)$$
$$= \frac{AB}{2}\big[\cos\ (\omega_1 - \omega_2)\ t - \cos(\omega_1 + \omega_2)\ t\big]$$

$$(5.4)$$

图 5.4 示出信号流与频谱。频率不同的两种信号相乘，由此产生 $a(t)$ 与 $b(t)$ 频率成分的和与差信号。

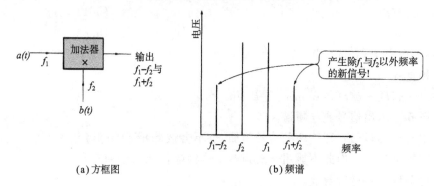

(a)方框图　　　　　　　　　　(b)频谱

图 5.4 频率 f_1 与 f_2 两种信号相乘的情况

5.2.2 收发信号电路的工作情况

1. 发射信号电路

图 5.5 (a)示出 2.4GHz 发射信号电路的混频器中频率转换情况。

信号 f_1 是本地发射器的输出信号，频率为 2200MHz。信号 f_2 是来自调制电路的 IF 信号，载波频率为 200MHz。

若将这两种信号输入混频器（乘法电路），就会产生两信号的差成分与和成分，即产生以下两种信号。

$$f_3 = f_1 - f_2 = 2000\text{MHz} \tag{5.5}$$
$$f_4 = f_1 + f_2 = 2400\text{MHz} \tag{5.6}$$

● BPF 只能取出必要的频率成分信号

送给下级（功率放大器）的频率只有 2400MHz，因此通过 TX BPF 除去 2000MHz 的信号 f_3，只能取出 2400MHz 的信号 f_4。

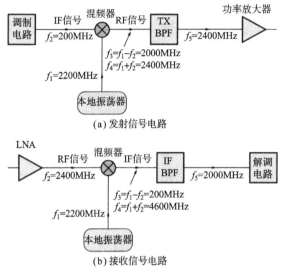

图 **5.5** 收发信号电路中频率转换实例

2. 接收信号电路

图 5.5（b）示出 2.4GHz 接收信号电路中混频器的频率转换状况。

若将信号 f_1 与信号 f_2 输入到混频器，就会产生两信号的差成分与和成分，即产生以下两种信号。

$$f_3 = f_1 - f_2 = 200\text{MHz} \tag{5.7}$$
$$f_4 = f_1 + f_2 = 4600\text{MHz} \tag{5.8}$$

用滤波器从该信号中取出 f_3，送给解调电路。

RF 信号固定为 2.4GHz，一般来说，本地振荡器是收发信号电路共用的，因此 IF 信号的频率在收与发电路中相等。

5.3 混频器的种类与特征

混频器大致可分为两种类型。使用二极管无源元件的无源混频器（passive mixer）和使用晶体管或 FET 等有源元件的有源混频器（active mixer）。无论哪一种类型的混频器都是利用半导体元件的非线性特性进行频率转换。

5.3.1 只用无源元件构成的无源混频器

1. 重要的"双平衡混频器"

用无源元件构成的混频电路，在转换时对信号进行衰减。这种衰减成分称为转换损耗（conversion loss）。

　　无源混频器,因构成的二极管数量等不同具有各种型式,但本书在所使用频带中主要使用的是图 5.6 所示的 4 个二极管和 2 个变压器构成的双平衡混频器（DBM:Double Balanced Mixer）。

　　若频率为 6GHz 以下,由于容易得到贴面实装型的小型DBM,因此几乎没有使用二极管和变压器构成的混频器。

　　照片 5.1 示出小型混频器公司(http://www.minicircuits.com/)的两种 DBM 的外观。

　　除了 DBM 以外,还有使用 1 个二极管构成的单端混频器(single-ended mixer)和使用 2 个二极管构成的单平衡混频器(single-balanced mixer)等。

　　2. 1 个二极管构成的无源混频器的工作原理

　　图 5.7 所示的是用 1 个二极管构成的混频器,来看一下无源混频器的基本工作原理。

　　若在二极管 D_1 的阳极–阴极间加正向电压,则正向电压与正向电流之间关系 $I\text{-}V$ 特性可用下式表示,这是电子电路书中常见的表达式。

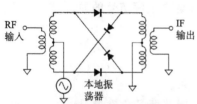

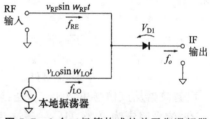

图 5.6　二极管构成的无源混频器图　　　　**图 5.7**　1 个二极管构成的单平衡混频器

(a) ZFM-15(mini-Circuit公司,f_{LO} = 10M ~3 GHz,f_{RF} = 10M~3GHz,f_{IF} = 10M ~800MHz)　　　　(b) SKY-60LH(mini-Circuit公司,f_{LO} = 2.5G~ 6 GHz,f_{RF} = 2.5G~6GHz,f_{IF} = DC~1.5GHz)

照片 5.1　实际的无源混频器

$$I = I(V_D) = I_S(e^{\frac{qV_D}{nkT}} - 1) \tag{5.9}$$

式中,I_S 为 D_1 的饱和电流(A);q 为电子的电荷量(1.602×10^{-19})(C);V_D 为 PN 结上加的电压(V);n 为 1～2 的常数;k 为波耳兹曼常数(1.3805×10^{-23})(J/k);T 为绝对温度(K)。

假设将直流偏压 V_0 与微小交流电压 δV 之和 V_D 加在 PN 结上,则 V_D 可用下式表示:

$$V_D = V_0 + \delta V \tag{5.10}$$

将式(5.10)代入式(5.9),进行泰勒(Taylor)展开,则有

$$
\begin{aligned}
I = I(V_D) = I(V_0 + \delta V) = I_0 + \delta I \\
= I(V_0) + \frac{dI}{dV}\bigg|_{V_0} \delta V + \frac{1}{2}\frac{d^2 I}{dV^2}\bigg|_{V_0}(\delta V)^2 + \cdots + A
\end{aligned}
\tag{5.11}
$$

I_0 为直流偏置电流,δI 为 I_0 附近微小变化的交流电流。这里,设

$$\delta V = \nu,\ \delta I = i,\ \frac{dI}{dV}\bigg|_{V_0} = a_1,\ \frac{1}{2}\frac{d^2 I}{dV^2} = a_2,\ \cdots\cdots$$

则可得到下式:

$$i = a_1\nu + a_2\nu^2 + \cdots + A \tag{5.12}$$

图 5.7 的混频器中,D_1 上加的交流电压 V_D 可用下式表示:

$$V_D = V_{RF}\sin\omega_{RF}\,t + V_{LO}\sin\omega_{LO}t \tag{5.13}$$

将式(5.13)代入(5.12)并展开,则有

$$
\begin{aligned}
i = a_1\nu + a_2\nu^2 \cdots + A \\
= a_1(\nu_{RF}\sin\omega_{RF}t + \nu_{LO}\sin\omega_{LO}t) + a_2\Big\{\frac{1}{2}\nu_{RF}{}^2(1 - \cos2\omega_{RF}t) \\
+ \nu_{LO}\nu_{RF}\big[\cos(\omega_{RF} - \omega_{LO})t - \cos(\omega_{RF} + \omega_{LO})t\big] \\
+ \frac{1}{2}\nu_{LO}{}^2(1 - \cos2\omega_{LO}t)\Big\} \cdots\cdots + A
\end{aligned}
\tag{5.14}
$$

式(5.14)中有与式(5.4)相同的和与差项,很明显图 5.7 的电路是作为混频器工作的电路。

● 还产生和与差以外的频率成分

由式(5.14)可知,除了和与差的频率成分外,还产生各种频率成分 f_0。可用下式表示:

$$f_0 = mf_{RF} + nf_{LO} \tag{5.15}$$

式中,m、n 为 $-\infty \sim +\infty$ 的整数。

3. 使用开关的无源混频器

图 5.7 所示混频器中 D_1 可换成用本地振荡器信号进行通/断

的开关,也可以考虑如图5.8所示那样构成的混频器。

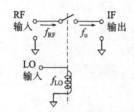

图 5.8 二极管换为开关的无源混频器

输出是正弦波的 RF 信号(f_{RF})与矩形波的本地振荡器输出信号(f_{LO})的乘积。

因矩形波是基波 f_{LO} 与 $3f_{LO}$、$5f_{LO}$、$7f_{LO}$ 等多种高次谐波合成的信号波形,因此混频器输出中呈现具有式(5.4)所示的和与差的频率成分信号。

5.3.2 用放大元件构成的有源混频器

1. 不仅能进行频率转换还能放大

有源混频器是使用有源元件的混频器。无源混频器伴随有损耗,但有源混频器能得到转换增益(conversion gain)。

前述的二极管混频器是由本地振荡器的能量进行频率转换操作的,但有源混频器是利用晶体管等有放大作用的有源元件,因此,本地振荡器的输出功率小也可。市售 IC 的内部使用的混频器几乎都是有源混频器。

2. 频率转换原理

来看一下图 5.9 所示混频器的频率转换原理。

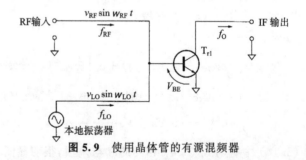

图 5.9 使用晶体管的有源混频器

在加适当偏置晶体管 Tr_1 的基极-射极间,施加的电压如下式所示:

$$\Delta V_{BE} = V_{RF}\sin(\omega_{RF}t) + V_{LO}\sin(\omega_{LO}t) \qquad (5.16)$$

晶体管也与二极管一样,具有 PN 结,集电极电流 I_C 与基极-射极间电压 V_{BE} 的关系如下式:

$$I_C = I_S e^{\frac{V_{BE}}{V_T}} \qquad (5.17)$$

式中,$V_T = \dfrac{kT}{q} \approx 0.026V @ T = 300K$

因此,集电极电流的变化量 ΔI_C,与式(5.12)一样,可用下式表示：

$$\Delta I_C = a_1 \Delta V_{BE} + a_2 \Delta V_{BE}^2 + \cdots + A \tag{5.18}$$

若将式（5.16）代入式（5.18）并展开，则可以得到与式（5.14）完全相同的表达式，由此可知，用图 5.9 的电路可以进行频率转换。

有源元件为 FET 时，主要是靠互电导 g_m 的非线性特性进行频率转换。

5.4 DBM 的工作原理

接收电路与发射电路中都使用 DBM。

对于接收电路用作将 2.4GHz 的 RF 信号转换为 $100 \sim 300\mathrm{MHz}$ 的 IF 信号的降频转换器（down converter），对于发射电路用作将 $100 \sim 300\mathrm{MHz}$ 的 IF 信号转换为 2.4GHz 的 RF 信号的升频转换器（up converter）。

首先，对作为高频 RF 信号转换为低频 IF 信号的降频转换器使用时的 DBM 的工作原理进行说明。

1. 三种工作模式

图 5.10 示出 DBM 的基本电路。

这里，本地振荡器的输出信号（以下简称 LO）是占空为 50％的矩形波，其振幅假定为使两个二极管完全导通的大小。

DBM 的工作模式根据 LO 信号状态不同有以下三种类型。

（1）工作模式①：无信号输入

DBM 是由 LO（Local Oscillator）信号进行驱动。图 5.10 中 $D_1 \sim D_4$ 所有二极管都为截止状态，此时，图 5.10 与图 5.11（a）所示的电路等效。由于 RF 输入与 IF 输出完全分离，因此，不传送 RF 输入信号，在 IF 输出中不出现任何信号。

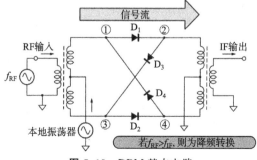

图 5.10　DBM 基本电路

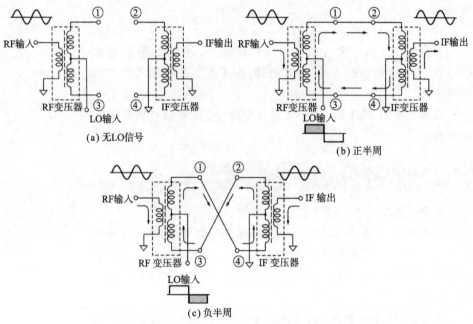

(a) 无LO信号

(b) 正半周

(c) 负半周

图 5.11　LO 信号的状态和 DBM 的动作模式（降频转换时）

专　栏

两种类型 DBM 的不同之处

据文献介绍，DBM 不是如图 5.10 所示那样二极管交叉的电路，就是如图 5.A 所示那样环形配置的电路。然而，这两者有何不同呢？

若按照图 5.10 的接点号码①～④（①→②→③→④→①）顺序进行考察，则发现二极管为同方向排列的连接方式。此处，不改变连接方式，若将此图画成二极管不交叉的形式，则变为图 5.A 那种形式。

这样，两者为同一种电路。若不熟悉的话，则会看作完全不同的电路。

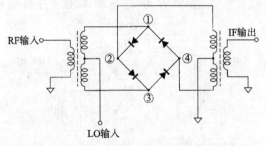

图 5.A　图 5.10 所示 DBM 的另一种表示方式

（2）工作模式②:信号极性为正时

D_1 与 D_2 为正向偏置而导通,D_3 和 D_4 为反向偏置而截止。这时,图 5.10 与图 5.11(b)所示电路等效。RF 输入信号沿着用 →符号表示的路径进行传送,最后在 IF 输出端子输出。

（3）工作模式③:信号极性为负时

D_1 和 D_2 为反向偏置成为截止状态,D_3 和 D_4 为正向偏置成为导通状态。这时,图 5.10 与图 5.11(c)所示电路等效。RF 输入信号沿着用 →符号表示的路径进行传送,最后在 IF 输出端子输出。

由图 5.11 (c) 可知,IF 输出变压器中信号流在正半周时反相,因此每当 LO 信号的极性改变时,IF 输出信号的相位变化 $180°$。

2. 产生新频率成分的机理

图 5.12 示出 DBM 工作时 RF 信号、LO 信号、IF 信号的各种波形。

由于 LO 信号极性的关系,IF 输出信号的相位反转。因相位反转部分的信号不连续,故产生失真,该失真部分产生各种频率成分。

由于不连续部分是因 LO 信号的周期而产生的,当然会产生与 RF 和 LO 输入信号频率有关的频率成分。

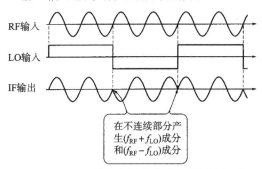

RF输入

LO输入

IF输出

在不连续部分产生($f_{RF}+f_{LO}$)成分和($f_{RF}-f_{LO}$)成分

图 5.12 DBM 的输入输出波形（降频转换时）

3. 也能升频转换

若仔细考察图 5.11 (b) 和 (c) 可知,不仅从 RF 输入到 IF 输出,而从 IF 输出到 RF 输入也能传送信号。也就是说,如图 5.13 所示,将信号输入到 IF 输出端,也能从 RF 输入端取出信号。

这是将发射电路所必要的低频转换为高频的功能。

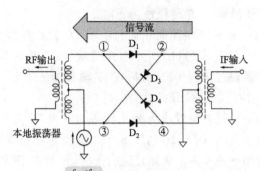

图 5.13 从频率低的 IF 信号得到 RF 信号的升频
转换时使用的电路

5.5 由 DBM 进行降频转换的实验

使用实际的 DBM,试用实验考察一下降频转换时频率转换的
情况。

DBM 中使用小型混频器公司的 ZFM-15。照片 5.2 是其外
观,表 5.1 示出其规格。

表 5.1 DBM ZFM-15 的主要电气规格

频率 /MHz		转换损耗 /dB				LO-RF 隔离 /dB						LO-IF 隔离 /dB					
		中频带			全频带	L		M		U		L		M		U	
LO,RF (f_L-f_U)	IF	$\bar{x}$	σ	最大	最大	标准	最小	标准	最小	标准	最小	标准	最小	标准	最小	标准	最小
10~3000	10~800	6.13	1.4	8.0	8.5	35	25	35	25	35	25	30	20	30	20	30	20

注:f_L:使用频带的下限;f_U:使用频带的上限;中频:$2f_L \sim f_U/2$;L(low range):$f_L \sim 10f_L$;M(mid range):$10f_L \sim f_U/2$;U(upper range):$f_U/2 \sim f_U$;$\bar{x}$:平均值,ρ:标准偏差。

照片 5.2 无源型的 DBM ZFM-15

1. 将2400MHz转换为200MHz

将2400MHz的RF信号降频为200MHz的IF信号,对此进行实验。

如图5.14所示,RF输入信号的频率为2400MHz,输入电平为−10dBm。LO信号电平为ZFM-15的推荐输入电平+10dBm,准备2200MHz和2600MHz两种频率信号。

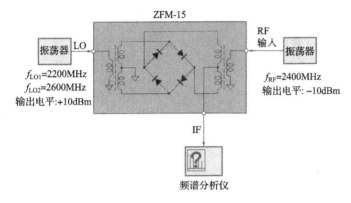

图5.14 观察降频转换工作的实验电路

若用混频器将2200MHz的LO信号与2400MHz的RF信号相乘,就会产生差频为200MHz的信号。

同样,若将2600MHz的LO信号与2400MHz的RF信号相乘,就会产生差频为200MHz的信号。

5.5.1 将LO信号频率设定为2200MHz的场合

1. 由降频转换得到IF信号的频谱

图5.15(a)示出将LO信号频率设定为2200MHz时IF输出信号的频谱。图5.15(b)所示的是①~⑩标记处频率与电平。

由图可知,在RF信号和LO信号中输入的是单一频率正弦波信号,因此IF信号中含有各种频率成分,图中虽未示出,但在8.5GHz以上的频带中也存在有各种频率成分。

为了用8.5GHz这样宽的频率间隔进行观测,则标记处频率的读取精度稍有降低,实际频率与标记处频率表示稍有偏差。例如,期望的IF信号的频率(200MHz)表示为187MHz。

必要信号只是图5.15(b)所示频谱中的200MHz信号。除此以外的成分,使用通过200MHz的BPF(Band Pass Filter)或LPF(Low Pass Filter)除掉。

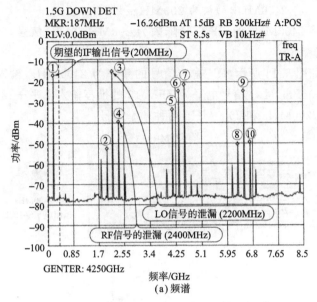

期望的IF输出信号(200MHz)

LO信号的泄漏 (2200MHz)

RF信号的泄漏 (2400MHz)

功率/dBm

GENTER: 4250GHz

频率/GHz

(a) 频谱

标记处号码	频率/GHz	信号电平/dBm
① 期望的IF输出信号	0.187	−16.29
②	1.989	−52.29
③ LO信号的泄漏	2.176	−14.62
④ RF信号的泄漏	2.380	−39.17
⑤	4.148	−33.17
⑥	4.352	−24.37
⑦	4.539	−21.03
⑧	6.307	−50.19
⑨	6.511	−24.30
⑩	6.715	−49.24

(b) 高次谐波电平

图 5.15　用 $f_{LO}＝2200MHz$ 降频转换时 IF 信号的频谱

2. 各种频率成分的含义

若考察一下 RF 信号的频率 f_{RF} 与本地振荡器的信号频率 f_{LO} 有何种关系,则①~⑩标记处频率成分如下所示:

- 标记①
$$f_{RF}-f_{LO}＝2400-2200＝200MHz$$
- 标记②
$$2f_{LO}-f_{RF}＝4400-2400＝2000MHz$$
- 标记③

$$f_{LO} = 2200\text{MHz}$$

- 标记④
$$f_{RF} = 2400\text{MHz}$$
- 标号⑤
$$3f_{LO} - f_{RF} = 6600 - 2400 = 4200\text{MHz}$$
- 标记⑥
$$2f_{LO} = 4400\text{MHz}$$
- 标记⑦
$$f_{LO} + f_{RF} = 2200 + 2400 = 4600\text{MHz}$$
- 标记⑧
$$4f_{LO} - f_{RF} = 8800 - 2400 = 6400\text{MHz}$$
- 标记⑨
$$3f_{LO} = 6600\text{MHz}$$
- 标记⑩
$$2f_{LO} + f_{RF} = 4400 + 2400 = 6800\text{MHz}$$

由以上可知,根据 f_{LO} 和 f_{RF} 通过简单的计算可求出各种频谱的频率。

3. 频率转换时产生的损耗

RF 信号的输入电平为 -10dBm,但由图 5.15 得到的 IF 信号(标记①)电平只有 -16.29dBm。通过频率转换衰减了 6.29dB。

这就是无源混频器的转换损耗(conversion loss)。LO 信号电平尽量依据 DBM 的推荐值。若使用值较推荐值低时,则转换损耗就会增加。

4. DBM 的重要特性—LO-IF 隔离特性

由图 5.15 可知,IF 信号中,含有 -14.62dBm 的 LO 输入信号成分(标记③)。该电平(-14.62dBm)与 LO 信号的输入电平($+10\text{dBm}$)的差值称为 LO-IF 隔离度。这时,隔离为 24.62dBm。根据表 5.1 所示的 ZFM-15 规格,隔离度为 $25 \sim 35\text{dB}$。

5.5.2　将 LO 信号频率设定为 2600MHz 的场合

图 5.16 示出将 LO 信号的频率提高为 2600MHz 时 IF 信号的频谱。

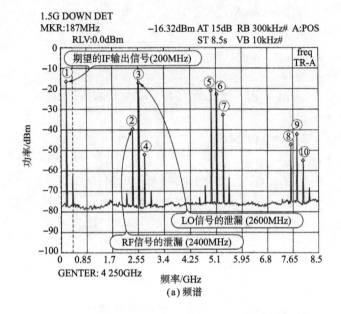

(a) 频谱

标记号码	频率/GHz	信号电平/dBm
①期望的 IF 输出信号	0.187	−16.33
②RF 信号的泄漏	2.380	−39.48
③LO 信号的泄漏	2.584	−16.93
④	2.771	−52.21
⑤	4.947	−20.85
⑥	5.134	−22.63
⑦	5.338	−32.56
⑧	7.582	−46.98
⑨	7.786	−42.02
⑩	7.990	−55.25

（b）高次谐波电平

图 5.16 用 $f_{LO}=2600\text{MHz}$ 降频转换时 IF 信号的频谱

首先,说明各频率成分的含义。

• 标记①

$$f_{LO}-f_{RF}=2600-2400=200\text{MHz}$$

• 标记②

$$f_{RF}=2400\text{MHz}$$

• 标记③

$$f_{LO}=2600\text{MHz}$$

- 标记④

  $2f_{\mathrm{LO}} - f_{\mathrm{RF}} = 5200 - 2400 = 2800\mathrm{MHz}$

- 标记⑤

  $f_{\mathrm{LO}} + f_{\mathrm{RF}} = 2600 + 2400 = 5000\mathrm{MHz}$

- 标记⑥

  $2f_{\mathrm{LO}} = 5200\mathrm{MHz}$

- 标记⑦

  $3f_{\mathrm{LO}} - f_{\mathrm{RF}} = 7800 - 2400 = 5400\mathrm{MHz}$

- 标记⑧

  $2f_{\mathrm{LO}} + f_{\mathrm{RF}} = 5200 + 2400 = 7600\mathrm{MHz}$

- 标记⑨

  $3f_{\mathrm{LO}} = 7800\mathrm{MHz}$

- 标记⑩

  $4f_{\mathrm{LO}} - f_{\mathrm{RF}} = 10400 - 2400 = 8000\mathrm{MHz}$

根据此结果,转换损耗为 6.33dB,LO-IF 隔离度为 26.93dB。

5.5.3　实验观察

1. 转换损耗和隔离度不受 LO 信号的影响

LO 信号频率为 2200MHz 和 2600MHz 时转换损耗与隔离度无大差异。IF 频率以外的寄生频率存在差异,但这种寄生信号也由 LO 信号与 RF 信号构成。

2. 降频较升频容易取出期望的频率

LO 信号频率为 2200MHz 时,比接近 IF 频率时产生较大的寄生频率 $2f_{\mathrm{LO}} - f_{\mathrm{RF}}$(2000MHz)。

降频转换与后述的升频转换相比,期望的 IF 信号频率与接近较大寄生频率($2f_{\mathrm{LO}} - f_{\mathrm{RF}}$)的间隔变宽。因此,LO 信号频率对于 2200MHz 还是 2600MHz 的滤波器都比较容易设计。

5.6　DBM 的升频转换实验

▶ 将 200MHz 转换为 2400MHz

来研究一下将 200MHz 的 IF 信号升频转换为 2400MHz 而得到 RF 信号的实验。

如图 5.17 所示,IF 输入信号的频率为 200MHz,输入电平为 -10dBm。LO 信号与先前一样,有 2200MHz 和 2600MHz 两种。

信号电平设定为 ZFM-15 推荐的输入电平＋10dBm。

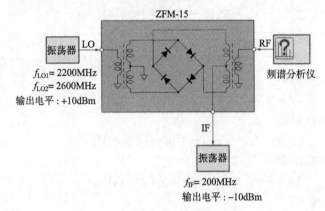

图 5.17 观察升频转换工作的实验电路

若用混频器将 2200MHz 的 LO 信号与 200MHz 的 IF 信号相乘,则会产生其和为 2400MHz 的成分。

同样,若将 2600MHz 的 LO 信号与 200MHz 的 IF 信号相乘,则会产生其差为 2400MHz 的成分。

5.6.1 将 LO 信号频率设定为 2200MHz 的场合

1. 由升频转换得到 RF 信号的频谱

图 5.18 示出将 LO 信号频率设定为 2200MHz 时 IF 输出信号的频谱。

图 5.18 的表中列出①～⑩标记处的频率与电平。

①～⑩频率成分与 IF 以及 LO 信号频率之间的关系表示如下:

- 标记①

    $f_{IF} = 200\text{MHz}$

- 标记②

    $f_{LO} - f_{IF} = 2200 - 200 = 2000\text{MHz}$

- 标记③

    $f_{LO} = 2200\text{MHz}$

- 标记④

    $f_{LO} + f_{IF} = 2200 + 200 = 2400\text{MHz}$

- 标记⑤

    $2f_{LO} - f_{IF} = 4400 - 200 = 4200\text{MHz}$

- 标记⑥

  $$2f_{\text{LO}} = 4400\text{MHz}$$

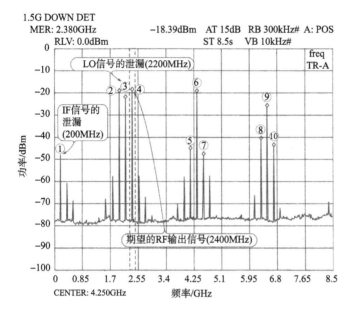

1.5G DOWN DET
MER: 2.380GHz   −18.39dBm   AT 15dB RB 300kHz# A: POS
RLV: 0.0dBm   ST 8.5s   VB 10kHz#

CENTER: 4.250GHz

标记号码	频率/GHz	信号电平/dBm
①IF 信号的泄漏	0.187	−46.70
②	1.989	−18.86
③LO 信号的泄漏	2.176	−21.56
④期望的 RF 输出信号	2.380	−18.41
⑤	4.148	−44.83
⑥	4.352	−18.84
⑦	4.556	−47.18
⑧	6.324	−40.23
⑨	6.511	−25.38
⑩	6.715	−43.41

(a) $f_{\text{LO}} = 2200\text{MHz}$

图 5.18 用 $f_{\text{LO}} = 2200\text{MHz}$ 升频时 IF 信号的频谱

- 标记⑦

  $$2f_{\text{LO}} + f_{\text{IF}} = 200 + 4400 = 4600\text{MHz}$$

- 标记⑧

  $$3f_{\text{LO}} - f_{\text{IF}} = 6600 - 200 = 6400\text{MHz}$$

- 标记⑨

  $$3f_{\text{LO}} = 6600\text{MHz}$$

• 标记⑩

$$3f_{LO}+f_{IF}=6600+200=6800MHz$$

IF 信号的输入电平为－10dBm,得到的 RF 信号（标记①）的电平为－18.41dBm,因此损耗为 8.41dB。

LO 信号（＋10dB）的 RF 输出的泄漏部分,也就是 LO 信号与 RF 信号间的隔离度根据标记③为 31.56dB。

2. 升频转换难以取出期望的频率

与降频转换时一样,必须用滤波器取出 RF 信号。但是,升频转换时,在 RF 信号的附近产生 LO 信号的泄漏和寄生现象。因此,若 IF 信号频率过低,就需要具有非常陡峭特性的滤波器。

════════════════ 专 栏 ════════════════

输出 IF 信号中虚拟的 RF 信号频率——镜像频率

在设计混频器时,可能会接触过"镜像频率"这个词。

图 5.14 的 LO 输入频率设定为 2200MHz,IF 频率设定为 200MHz 时,若 RF 输入不是 2400MHz,而是 2000MHz 的信号,则可输出 200MHz 的 IF 信号。由于 2000MHz 的信号是不进行解调的干扰信号,因此,感觉这是难以处理的频率。图 5.B 示出这些频率的关系。

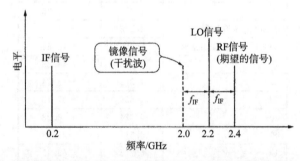

图 5.B 镜像信号和 LO 信号、RF 信号、IF 信号的频率之间的关系

图 5.C 示出 RF 输入信号的频率为 2000MHz,LO 信号的频率为 2200MHz（－10dBm）时,IF 输出信号的频谱。实际上,与 2400MHz 输入时一样,可以输出 200MHz 的 IF 信号。

产生 IF 信号的信号,除了镜像信号以外还有很多,实际的接收机在混频器的前级（天线输入侧）接入只取出期望的 RF 接收信号的 BPF。

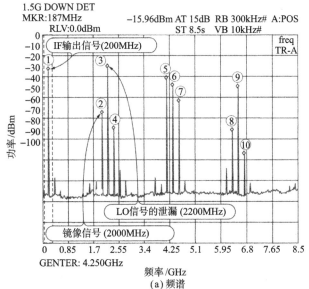

(a) 频谱

标记号码	频率/GHz	信号电平/dBm
①IF 输出信号	0.187	−15.97
②镜像信号	1.989	−37.21
③LO 信号的泄漏	2.176	−14.80
④	2.380	−44.46
⑤	4.148	−20.62
⑥	4.352	−23.85
⑦	4.556	−31.62
⑧	6.324	−45.39
⑨	6.511	−24.63
⑩	6.715	−56.67

(b) 高次谐波电平

图 5.C 图 5.14 实验电路中加镜像信号时, IF
输出信号的频谱 (f_{LO}＝2200MHz)

5.6.2 将 LO 信号频率设定为 2600MHz 的场合

图 5.19 示出将 LO 信号由 2200MHz 改为 2600MHz 时 RF
信号的频谱。得到的结果是转换损耗为 6.33dB, LO-IF 隔离度为
26.93dB。

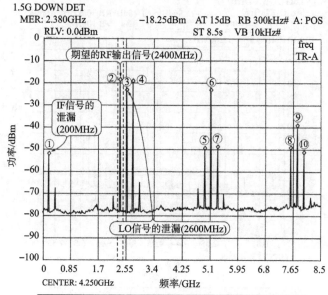

图中标注：

1.5G DOWN DET
MER: 2.380GHz   −18.25dBm   AT 15dB   RB 300kHz# A: POS
RLV: 0.0dBm   ST 8.5s   VB 10kHz#

期望的RF输出信号(2400MHz)

IF信号的泄漏(200MHz)

LO信号的泄漏(2600MHz)

CENTER: 4.250GHz   频率/GHz

标记号码	频率/GHz	信号电平/dBm
①IF 信号的泄漏	0.187	−51.82
②期望的 RF 输出信号	2.380	−18.26
③LO 信号的泄漏	2.584	−23.01
④	2.771	−18.86
⑤	4.947	−49.52
⑥	5.134	−23.05
⑦	5.338	−48.72
⑧	7.582	−48.96
⑨	7.786	−38.90
⑩	7.990	−51.25

(b) $f_{LO}=2600MHz$

图 5.19　用 $f_{LO}=2600MHz$ 升频时 IF 信号的频谱

5.7　观察实际的有源混频器

1. IC 化的有源混频器

随着半导体技术的发展,能低价购买到 2GHz 频带的混频器专用 IC 以及混频器与 LNA 一体化的单片 IC,在分立式电路中,几乎没有制作有源混频器的情况。

IC 内部的混频器电路中主要使用吉尔伯单元(Gilbert-cell)。

2. 降频转换用 MMIC IAM91563

频带 0.8～6GHz,工作电压 3V 的 GaAs 处理 MMIC 用于降频转换。

图 5.20 示出其内部等效电路。内置两个级联的 FET,利用 FET 的非线性特性实现混频功能。

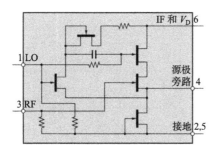

图 5.20 有源混频器 IAM91563 的内部框图

3. 移动通信用有源混频器 IC μPC2757T

这是蜂窝无绳接收用 1st 频率转换器 IC。

由于频带为 0.1～2.0GHz,因此不能用于 2.4GHz,但作为有源混频器电路的实例。

图 5.21 (a)是内部框图,图 5.21 (b)是混频器的等效电路。

电路是双平衡型的构成。

5.8 放大器非线性工作进行频率转换

5.8.1 在输出失真的非线性区进行频率转换

一般来说,放大器所要求的是输入信号不失真地进行线性放大,但频率转换的混频器所要求的是非线性。

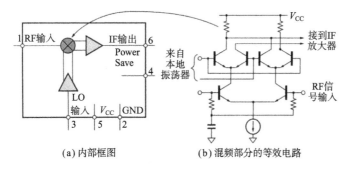

(a) 内部框图   (b) 混频部分的等效电路

图 5.21 有源混频器 μPC2757T(日本电气 (株))的内部框图

是否记得表示放大器特性参数之一的 $P_{1\mathrm{dB}}$(图 5.22)? 若放大器的输入信号电平逐渐增大,则输出电平就会超过 $P_{1\mathrm{dB}}$,逐渐偏离线性特性,即变为非线性特性。若放大器放大信号,则会产生大大小小的失真。为了增大失真(非线性),需要改变输入电平与偏置条件。

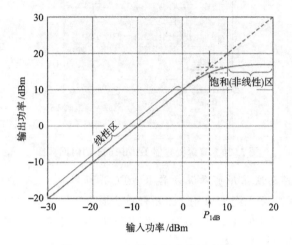

图 5.22 LNA 输入输出特性实例

5.8.2 放大器输出高次谐波的实验

使用图 5.23 所示的实验系统,一边改变振荡器的输出电平与 LNA②的电源电压,一边用频谱分析仪观测 LNA②的输出。输入信号频率为 2400MHz。

在观测前,确认一下在振荡器输出信号中,是否含有 2400MHz 以外的信号(寄生信号)。

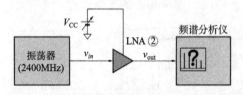

图 5.23 使用 LNA②产生高次谐波的实验系统

图 5.24 (a)示出振荡器输出电平设定为−10dBm 时观测的结果。没有观测到 2400MHz 以外的较明显频率成分。

现一边改变振荡器输出电平与 LNA②的电源电压,一边观察 LNA②输出频谱的变化。

若 LNA②中无失真,则不应观测到放大输入信号以外的信号,即寄生信号。

1. $V_{in}=-20dBm$, $V_{DD}=3V$

图 5.24 (b)示出 LNA②的输出频谱。

不仅出现了 2400MHz,也出现了其他高次谐波 4800MHz 的信号。这种信号虽很小,但输出信号像是有些失真。

2. $V_{in}=-10dBm$, $V_{DD}=3V$

图 5.24 (c)示出 LNA②的输出频谱。

不仅出现了 2 次谐波 4800MHz,而且也出现 3 次谐波 7200MHz 信号。输入电平增大 10dB,相对来说 2 次谐波约增大 20dB。

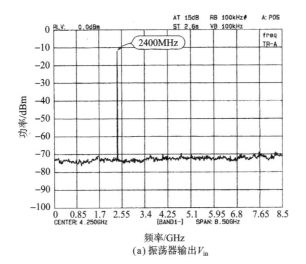

(a) 振荡器输出 V_{in}

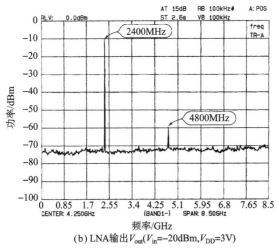

(b) LNA输出 $V_{out}(V_{in}=-20dBm, V_{DD}=3V)$

图 5.24 用图 5.23 实验电路观测到的各部分频谱

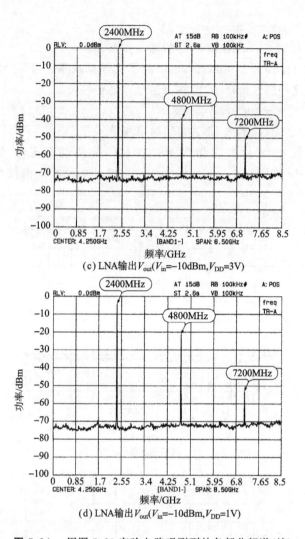

(c) LNA输出 V_{out}(V_{in}=-10dBm,V_{DD}=3V)

(d) LNA输出 V_{out}(V_{in}=-10dBm,V_{DD}=1V)

图 5.24　用图 5.23 实验电路观测到的各部分频谱(续)

3. $V_{in} = -10\mathrm{dBm}, V_{DD} = 1\mathrm{V}$

观察一下 V_{DD} 从 3V 降到 1V 时失真的变化。$V_{DD} = 1\mathrm{V}$ 是 LNA②作为放大器工作极限的电源电压。

图 5.24 (d)示出测试结果。输入电平为-10dBm。由图可知,2 次谐波 4800MHz 的电平急剧变大,失真增大。

随着电源电压的降低,放大器的增益下降,这样,2400MHz 输出电平稍降低。

5.9 有源混频器的实验

若放大器的输入信号失真,则会产生输入信号以外的频率成分的信号。其次,试用实验确认一下混频器的本来功能,即由两种频率产生其和与差成分的频率转换功能。这里,利用第 4 章所制作的 LNA②观察频率转换的工作情况。如后面所述,虽有改善的余地,但不加以改善的话仍能得到接近期望的性能。

5.9.1 实验系统的概要

由于 LNA②的输入只有一个,因此,不能直接输入两种信号源。这样,如图 2.25 所示,在 LNA②前级暂时将两种信号进行合成。

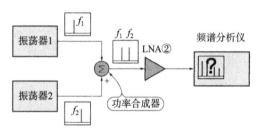

图 5.25 LNA②作为混频器工作的实验系统

作为简单合成信号的方法,可以考虑图 5.26 所示的两种电路。

图 5.26（a）所示的电阻功率合成器（Resistive Power Combiner)的特征是:使用电阻合成器可以得到宽频带。然而,隔离特性不佳。

这里,制作图 5.26（b）所示的威尔金森功率合成器（Wilkinson Power Combiner）,并进行实验考察。

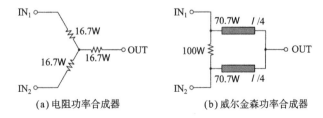

    (a)电阻功率合成器   (b)威尔金森功率合成器

图 5.26 功率合成器实例

图 5.27 是所制作的合成器电路图,照片 5.3 是实验系统总体
照片。

λ/4 印制图案在制作和调整上要花时间,因此,将 λ/4 线转换为集
中常数进行制作。

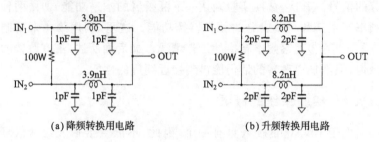

(a) 降频转换用电路   (b) 升频转换用电路

图 5.27 图 5.25 的实验用制作的功率合成器电路

图 5.27 (a)是降频转换用电路,图 5.27 (b)是升频转换用电
路。

由于威尔金森功率合成器不易得到宽频带特性,因此,尽量接
近那样设定进行合成的两种频率。

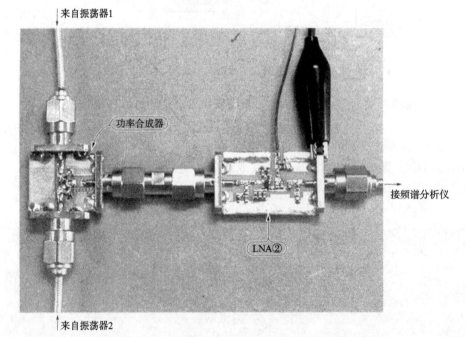

照片 5.3 LNA②与功率合成器组合实验用混频器基板

5.9.2 降频转换的实验

如图 5.28 所示,将振荡器 1 的输出 V_{OSG1} 设定为 2200MHz,将振荡器 2 的输出 V_{OSG2} 设定为 2400MHz,产生 200MHz 差频进行实验。

在图 5.28 中,LNA② 与合成器的组合部分相当于混频器。

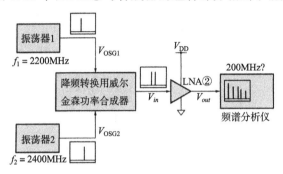

图 5.28 使用 LNA② 降频转换的实验系统

1. 确认 LNA 输入信号的频谱

开始测试前,确认一下输入信号中是否含有多余的寄生成分,合成信号 v_{in} 中两种频谱电平都为 −10dBm 那样调整振荡器的输出电平。

图 5.29 (a)示出合成器的输出电平。虽在低频带观测到 2200MHz 的一半频率(1100MHz),但电平低,不会有问题。

2. V_{OSG1} = − 20dBm @ 2400MHz,V_{OSG2} = − 20dBm @ 2200MHz,V_{DD}=3V

图 5.29 (b)示出 LNA② 的输出频谱。

被放大的输入信号成分中高次谐波成分与电平都低,但也会产生期望的 200MHz 信号成分。

1000MHz 以下 LNA② 的增益急剧下低,因此,200MHz 信号电平被衰减。其结果,转换损耗约变大 45dB。

3. V_{OSG1} = − 10dBm @ 2400MHz,V_{OSG2} = − 10dBm @ 2200MHz,V_{DD}=3V

将两种振荡器的输出电平增大 +10dBm。

图 5.29 (c)示出 LNA② 的输出频谱。若输入电平变大,则失真增大,200MHz 成分变大。

这里观测的类似于使用 DBM 时所观测的频谱吗?转换损耗稍改善约为 33dB。

4. $V_{OSG1} = -10\text{dBm} \; @ \; 2400\text{MHz}, V_{OSG2} = -10\text{dBm} \; @$ $2200\text{MHz}, V_{DD} = 1\text{V}$

将电源电压 V_{DD} 从 3V 降到 1V。

图 5.29 (d)示出 LNA②的输出频谱。由图 5.29 可见,失真进一步增大,200MHz 成分也变大,转换损耗约改善为 29dB。

有源混频器的转换损耗比 DBM 等无源混频器小,但都比实验结果大,其原因是 LNA②在 2.4GHz 时能得到最佳特性那样进行设计的。若重新在 200MHz 具有增益那样设计的话,则得到无转换损耗的转换增益。

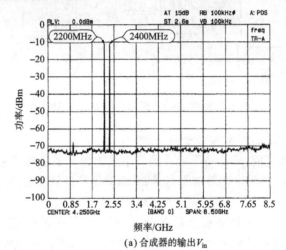

频率/GHz

(a) 合成器的输出 V_{in}

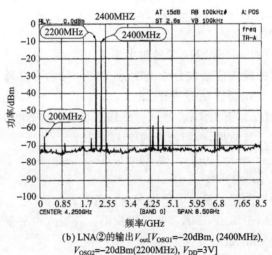

频率/GHz

(b) LNA②的输出 V_{out}[V_{OSG1}=-20dBm, (2400MHz),
V_{OSG2}=-20dBm(2200MHz), V_{DD}=3V]

图 5.29 用图 5.28 的实验电路观测到的各部分频谱

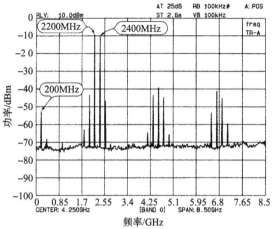

(c) LNA②的输出 $V_\text{out}[V_\text{OSG1}=-10\text{dBm}(2400\text{MHz})$,
$V_\text{OSG2}=-10\text{dBm}(2200\text{MHz})$, $V_\text{DD}=3\text{V}]$

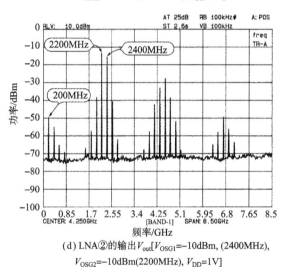

(d) LNA②的输出 $V_\text{out}[V_\text{OSG1}=-10\text{dBm}$, (2400MHz),
$V_\text{OSG2}=-10\text{dBm}(2200\text{MHz})$, $V_\text{DD}=1\text{V}]$

图 5.29 用图 5.28 的实验电路观测到的各部分频谱(续)

5.9.3 升频转换实验

如图 5.30 所示,将振荡器 1 的输出设定为 1100MHz,将振荡器 2 的输出设定为 1300MHz,产生其和 2400MHz 的信号进行实验。

1. $V_\text{OSG1}=-20\text{dBm}$ @ 1100MHz, $V_\text{OSG2}=-20\text{dBm}$ @ 1300MHz, $V_\text{DD}=3\text{V}$

图 5.31 (a) 示出 LNA②的输出频谱。

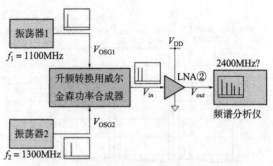

图 5.30 使用放大器的升频转换实验系统

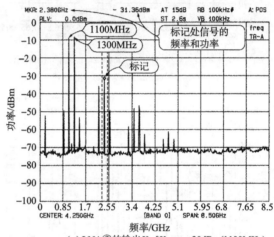

(a) LNA②的输出 V_{out}[V_{OSG1}=−20dBm(1100MHz)

V_{OSG2}=−20dBm(1300MHz), V_{DD}=3V]

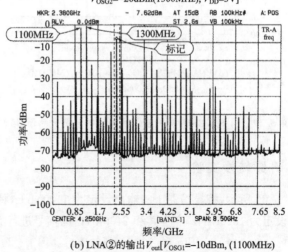

(b) LNA②的输出 V_{out}[V_{OSG1}=−10dBm, (1100MHz)

V_{OSG2}=−10dBm(1300MHz), V_{DD}=3V]

图 5.31 用图 5.30 的实验电路观测到的各部分频谱

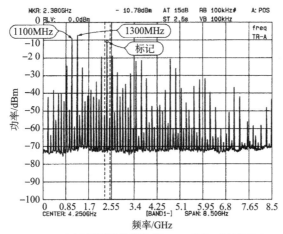

(c) LNA②的输出V_{out}[V_{OSG1}=−10dBm(1100MHz)
V_{OSG2}=−10dBm(1300MHz), V_{DD}=1V]

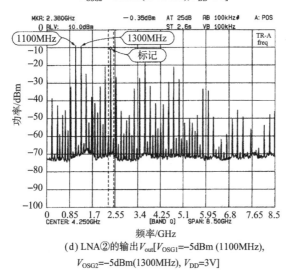

(d) LNA②的输出V_{out}[V_{OSG1}=−5dBm (1100MHz),
V_{OSG2}=−5dBm(1300MHz), V_{DD}=3V]

图 5.31 用图 5.30 的实验电路观测到的各部分频谱(续)

　　观察被放大的输入信号成分及其高次谐波成分。在高次谐波中也产生期望的 2400MHz 成分。标记处读取值为 2.38GHz,但这是因为频谱分析仪的测试频率范围为宽频带的缘故,其实际值为 2.4GHz。

专 栏

推荐好书

■ RF 设计指导系统、电路图和方程式

日本出版的有关高频、微波书籍几乎都是以理论为中心,大多数难以使用。为此,介绍一本在高频电路设计中能使用的书。但是,有关开关的记述较少。本书的构成如下。

▶第 1 章　系统设计和规格

　　1.1　接收机的设计

　　1.2　发射机的设计

　　…

▶第 2 章　电路实例

　　2.1　有源滤波器

　　2.2　放大器

　　…

▶第 3 章　测试技术

　　3.1　天线增益

　　3.2　元件值测试

　　…

▶第 4 章　常用公式

　　…

从作为系统的说明开始,有各种电路的说明和测试方法,最后,记载有各种计算公式,全书约有 280 页,厚度适中。不足之处是价格稍贵,但认为这是一本浅显易懂的英文书。本书附有光盘,该光盘中收录了本书中给出的公式。

Petter Vizmuller 著,281p., US＄115(amazon.com 的售价),Artech House 出版,初版 1995 年,ISBN 0-89006-754-6

由标记处读取的值,2.4GHz 时输出电平为 -31.36dBm,由于 LNA② 与频谱分析仪间连接的电缆约有 0.4dB 的损耗,因此,LNA② 实际输出电平约为 -31dBm。能计算出的转换损耗约为 11dB。

由于 LNA② 是在 2.4GHz 频带时具有增益那样设计的,因此,与降频转换器相比较,转换损耗也相当小。

2. $V_{OSG1} = -10dBm$ @ $1100MHz$, $V_{OSG2} = -10dBm$ @ $1300MHz$, $V_{DD} = 3V$

将两个振荡器的输出电平增大 10dBm。图 5.31（b）示出 LNA②的输出频谱。

输入电平变大,失真增大,其结果是 2400MHz 成分急剧变大。乍看起来,好像 LNA②引起异常振荡的频谱。

减去电缆约 0.4dB 的损耗,2.4GHz 时输出电平得到宛如有源混频器的结果。约为$-7.2dBm$,因此能得到约 2.8dB 的转换增益。

3. $V_{OSG1} = -10dBm$ @ $1100MHz$, $V_{OSG2} = -10dBm$ @ $1300MHz$, $V_{DD} = 1V$

将电源电压从 3V 降到 1V,图 5.31（c）示出 LNA②的输出频谱。

随着电源电压的降低,LNA②的增益减少,2.4GHz 时输出电平降低,产生约 0.4dB 的转换损耗。

4. $V_{OSG1} = -5dBm$@$1100MHz$, $V_{OSG2} = -5dBm$@$1300MHz$, $V_{DD} = 3V$

将电源电压恢复为 3V,输入电平提高 5dB。图 5.31（d）示出 LNA②的输出频谱。

减去电缆约 0.4dB 的损耗,2.4GHz 时输出电平约为 0dBm,因此,得到约 5dB 的转换增益。

为了使 LNA②接近正规混频器的特性,必须注意以下要点,有必要改善 LNA②的内部电路。

① 输入通道增为两个。

② 调整输入电路使两种输入信号频率取得匹配。

③ 调整输出电路以使所期望的转换输出频率得到增益。

④ 在输出部分接入调谐电路,防止输出不必要的信号成分。

⑤ 在 V_{DD} 固定状态下,试试改变漏极电流。

⑥ 边改变偏置,边寻找最有效的频率转换条件。

第 6 章
滤波器的设计与制作
——取出所期望频率成分的技术

滤波器是从基带输入输出到 RF 输入输出,不同频率的滤波器构成也不同,在接收电路和发射电路中起着非常重要的作用。

有关理论公式和设计公式请参考其他书籍,本节讲述使用各种元件制作的简单构成滤波器,高频滤波器算是手边的电器。

6.1 高频滤波器的种类与作用

6.1.1 接收电路中滤波器的作用

图 6.1 是 GHz 频带收发信机的框图。在接收电路中使用①~③的 BPF,在发射电路中使用④~⑥的 BPF。

本节,从天线输入到 IF 电路之间接入滤波器,按顺序说明①~③滤波器的作用。另外,框图中没有画出,但一般来说,基带电路的频带限制用也要接入 LPF。

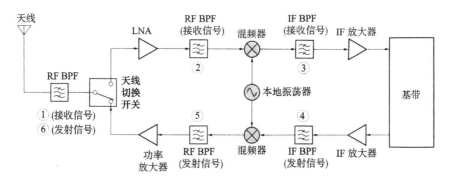

图 6.1 GHz 频带收发信系统中 BPF 的作用

（1）RF BPF

在人们周围的空间有各种频率的电波。天线具有频率特性，工作时仅从这些电波中选择必要频带的信号，但此时也接收了不需要的电波。

因此，用这种 BPF 从天线接收到的各种频率信号中，取出所期望接收频带的信号。

（2）RF BPF

当用下级混频器进行频率转换（降频转换器）时，防止在 IF 频带中进入干扰信号，用 BPF 将不要频带的频率成分除去。

若进行频率转换，就会产生各种频率的信号，变成干扰波。在干扰波中特别必须注意的是镜像频率（参照专栏）。此处，使用的 BPF 有必要选择能充分衰减镜像频带的通带滤波器。

进行频率转换时，也会从镜像频率中产生与接收信号相同的 IF 频率，若没有 BPF，就会在镜像频率中存在噪声等，由此，接收信号受到干扰。

（3）IF BPF

从用混频器进行频率转换所产生的许多频率成分中，用 BPF 只取出所期望的 IF 信号，有时也具有限制接收信号频带的作用。

6.1.2　发射电路中滤波器的作用

（1）IF BPF

用下级混频器进行频率转换（升频转换器）时，用 BPF 防止在 RF 频带中进入干扰信号。有时也有限制发射信号频带的作用。

（2）RF BPF

从用混频器进行频率转换所产生的许多频率成分中，用 BPF 只取出所期望的 RF 信号。

（3）RF BPF

用 BPF 除去功率放大器放大时失真所产生的寄生部分，以及和大功率信号的输入在天线开关时所产生的寄生部分，以免这些寄生成分通过天线发射出去。

6.1.3　滤波器的种类

1. 依照频带进行分类

如图 6.2 所示，依照频率特性滤波器大致分为四种。

图 6.2 (a) 所示 LPF (Low Pass Filter) 称为低通滤波器。同样,图 6.2 (b) 所示 HPF (High Pass Filter) 称为高通滤波器,图 6.2 (c) 所示 BPF (Band Pass Filter) 称为带通滤波器,图 6.2 (d) 所示 BEF (Band Elimination Filter) 称为带阻滤波器。

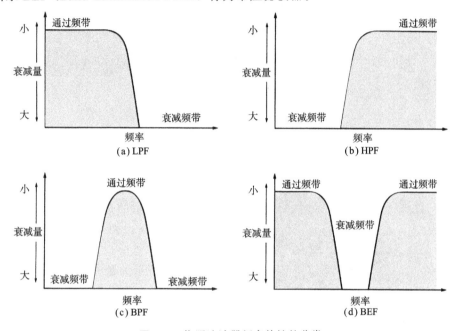

图 6.2 依照滤波器频率特性的分类

2. 在 100M~1000MHz 时大多使用 SAW 滤波器

对于低频电路,用电感和电容构成的 *LC* 滤波器就可以了。但若频率使用 IF,为几百 MHz 左右,用 *LC* 滤波器就不易得到满意的特性。

对于 100 ~ 1000MHz,一般使用 SAW (Surface Acoustic Wave) 滤波器构成的 BPF,SAW 滤波器也称为表面弹性滤波器。图 6.1 示出其框图,它常用于③和④的 IF BPF。

照片 6.1 是贴面实装型 SAW 滤波器的外观。由此可知,这是一种非常小的元件。

3. 2GHz 频带时主要使用的介质滤波器

随着研究开发与微细加工技术的进步,GHz 频带数量级的 SAW 滤波器也推出了,但对于 2GHz 频带现在使用的是介质滤波器。图 6.1 是常作为①、②、⑤、⑥RF BPF 使用的滤波器。

(a) 正面　　　　　　　　　　　(b) 背面

照片 6.1 贴面实装型 SAW 滤波器

照片 6.2 2.5GHz 频带时 2
次 BPF 4DFA-2500A-10
（$f_0 = 2500\text{MHz}$，BW＝$f_0 \pm$ MHz，东光（株））

介质滤波器是由 2～3 个品质因数高、介电常数高的介质谐振器组合而成，小型且具有陡峭特性。

照片 6.2 所示的是 2.5GHz 频带时 2 端口的 BPF，这是由两个介质谐振器组合而成。

照片 6.3 所示的是 2GHz 频带时 2 端口的 BPF，它是一种完全一体化的小型滤波器。

照片 6.4 所示的是 5GHz 频带时 3 端口的 BPF。

(a) 从侧看的情形　　　　　　　(b) 从上看的情形

照片 6.3 2GHz 频带时 2 次 BPF DFC22R64P020LHB
（$f_0 = 2642.5\text{MHz}$，BW＝$f_0 \pm 10\text{MHz}$，（株）村田制作所）

(a) 从侧看的情形 (b) 从上看的情形

照片 6.4 5GHz 频带时 3 次 BPF DFC35R25P200LHA
($f_0 = 5250\mathrm{MHz}, \mathrm{BW} = 200\mathrm{MHz}$,(株) 村田制作所)

4. 微带线构成的滤波器

对于 GHz 频带,如图 6.3 所示,也经常使用微带线构成的 BPF,或许有人认为它是如何构成滤波器的,其详细情况以后介绍。

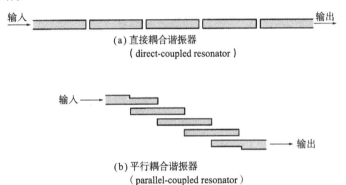

输入 ────▶   输出

(a) 直接耦合谐振器
(direct-coupled resonator)

输入 ────▶

                                            ────▶ 输出

(b) 平行耦合谐振器
(parallel-coupled resonator)

图 6.3 用微带线制作的 BPF

6.2 BPF 基本上是谐振电路

1. 作为谐振电路的滤波器的工作原理

若只是 1 个谐振电路,这个电路具有 BPF 的功能。

求出谐振电路中谐振频率 f_0 的表达式如下:

$$f_0 = \frac{1}{2\pi\sqrt{LC}} \tag{6.1}$$

谐振电路分为串联谐振电路与并联谐振电路。对于串联谐振

电路若 L 和 C 无损耗,则在谐振频率时阻抗变为零;对于并联谐振电路,谐振频率时阻抗变为无限大。

对于理想串联谐振电路,谐振频率时阻抗变为零,频率越偏离谐振频率阻抗越大。因此,若在电路中串联接入串联谐振电路,则谐振频率时信号衰减量为零,除此以外的频率时信号衰减量变大,电路具有 BPF 的功能。

对于理想并联谐振电路,谐振频率时阻抗变为∞,频率越偏离谐振频率信号衰减量越小。因此,若在电路和地间接入并联谐振电路,则谐振频率时信号衰减量为零,除此以外的频率时信号衰减量变大,电路具有 BPF 的功能。

2. L、C 的大小与 BPF 的传输特性

使用式 (6.1),求出 2.4GHz 谐振电路的几个常数,试用仿真分析 L 和 C 的大小与 BPF 传输特性之间的关系。

表 6.1 示出了 2.4G 谐振时必要的电容与电感常数的计算结果。电感使用一般能得到常数的元件。

表 6.1　2.4GHz 谐振时必要的电容与电感的常数

L/nH	C/pF	L/nH	C/pF
1.0	4.398	3.3	1.333
1.2	3.665	3.9	1.128
1.5	2.932	4.7	0.936
1.8	2.443	5.6	0.785
2.2	1.999	6.8	0.647
2.7	1.629	8.2	0.536

用图 6.4 所示电路仿真分析使用表 6.1 所示 $L=1.5$nH、1.0nH、3.9nH、8.2nH 的 BPF 传输特性,仿真结果如图 6.5 所示。S_{21} 是从端口 1 输入信号时,在端口 2 处观测的信号电平(参阅 2.5 小节)。

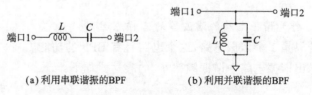

(a) 利用串联谐振的BPF　　　　(b) 利用并联谐振的BPF

图 6.4　串联谐振电路与并联谐振电路

由串联谐振电路可知,L 越大,衰减特性越陡峭。对于并联谐

振电路,L 小,C 大,可得到陡峭的特性。

使用的仿真软件是 MMICAD（加拿大 Optotek 公司,代理商:（株）埃斯西维(http://www.sgy-inc.co.jp)）。

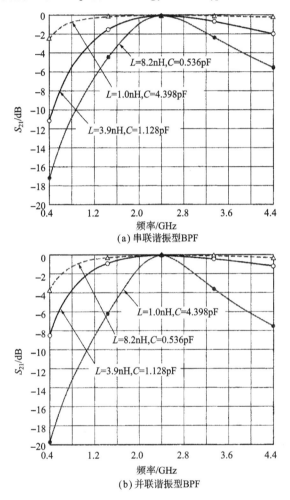

图 6.5　图 6.4 的 BPF 的传输特性（仿真）

3. 组合多个谐振电路时

串联谐振电路与并联谐振电路多个组合时能得到何种特性呢？试用图 6.6 所示的电路进行仿真分析,仿真结果如图 6.7 所示。能得到常见的 BPF 特性曲线。

对于实际的 BPF,为了得到期望的通过带宽、截止频带的衰减量、通过频带内的纹波等,选择谐振电路的中心频率、LC 常数的组合及其谐振电路的类型。

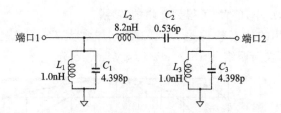

图 6.6 两种谐振电路组合的 BPF

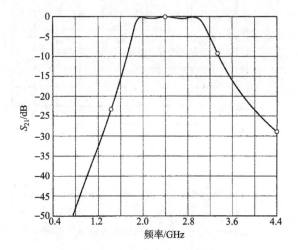

图 6.7 图 6.6 的 BPF 的传输特性（仿真）

6.3 用介质谐振器制作的 BPF

1. 外观与构造

何谓介质谐振器？照片 6.5 所示的是实际的介质谐振器。如图 6.8 所示，它是同轴电缆的构造形式，内导体与外导体在一端进行电气性连接。

图 6.9 所示的是利用介质谐振器来作为 BPF 的示例。将内导体不与外导体连接侧的内导体接传输线，连接内导体和外导体，形成的电极面接地。

2. 具有 BPF 功能的理由

内外导体连接的同轴电缆为何具有 BPF 功能呢？其秘密在于介质谐振器的"长度"。介质谐振器是以 1/4 波长的长度与介质谐振器长度相等的频率进行谐振。在谐振频率中，介质谐振器正如阻抗∞那样摆动。信号频率越偏离谐振频率，阻抗变得越低。

(a) 从侧看的情形

(b) 从上看的情形

内外导体电气连接的面

照片 6.5 介质谐振器 M3918SS((株) MARUWA)

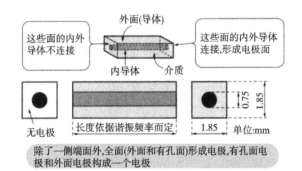

这些面的内外导体不连接

外面(导体)

这些面的内外导体连接,形成电极面

内导体　介质

无电极

长度依据谐振频率而定

0.75
1.85
1.85　单位:mm

除了一侧端面外,全面(外面和有孔面)形成电极,有孔面电极和外面电极构成一个电极

图 6.8 介质谐振器 M3918SS 的构造

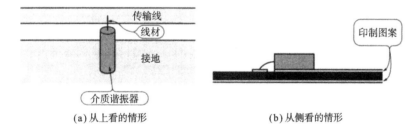

传输线
线材
接地
介质谐振器

(a) 从上看的情形

印制图案

(b) 从侧看的情形

图 6.9 介质谐振器构成的 BPF

在介质谐振器的两端为 1/4 波长,即有 90° 相位差。因此,如图 6.9 所示,在其接地侧振幅为零,接传输线侧振幅变得最大。

3. 通过仿真确认 BPF 工作情况

试用仿真确认介质谐振器具有 BPF 功能的情况。如 M3918SS 那样,由于外方形同轴线已存于仿真软件库内,因此,使用外导体直径为 1.85mm 的圆柱线路进行仿真。

图 6.10 示出仿真电路。调整其长度,使介质谐振器的谐振频

率接近 2.4GHz。图 6.11（a）示出仿真结果，由此可知，的确有 BPF 的作用。

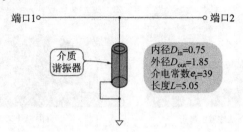

端口1　　　　　　　　　　　　端口2

介质谐振器

内径D_{in}=0.75
外径D_{out}=1.85
介电常数e_r=39
长度L=5.05

图 6.10　用于分析介质谐振器构成的 BPF 特性的仿真电路

4. 改善特性使其成为可用滤波器

因图 6.11（a）所示频率特性不能得到平坦的带通特性及陡峭的衰减特性，因此带通很窄，实际上不能用作 BPF。图 6.11（b）所示的是将图 6.10 所示介质谐振器增至两个时的仿真结果，仅特性曲线变得稍陡峭。

实用上的 BPF 要求平坦带通特性及陡峭衰减特性。

因此，如图 6.12 所示，使用两个介质谐振器，其间接入电感。这样，如图 6.13 所示，可得到平坦带通特性及陡峭衰减特性。图 6.12 的电路是使用电感进行耦合的介质谐振器，但也可用电容进行耦合。

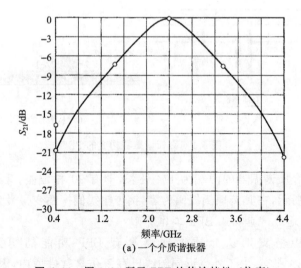

(a) 一个介质谐振器

图 6.11　图 6.10 所示 BPF 的传输特性（仿真）

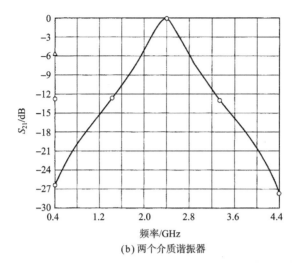

(b) 两个介质谐振器

图 6.11 图 6.10 所示 BPF 的传输特性（仿真）（续）

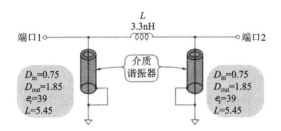

图 6.12 改善传输特性与截止特性的介质谐振器构成的 BPF

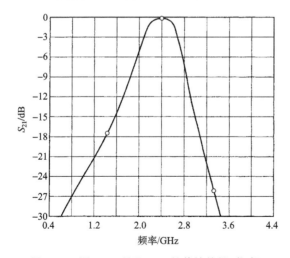

图 6.13 图 6.12 所示 BPF 的传输特性（仿真）

6.4.1 可用音叉的共鸣动作进行示意

图 6.3 所示,对于微带线 BPF,"谐振"也是其基本动作。若原封不动其动作难以理解,但用音叉试验进行示意就容易理解了。

如图 6.14 所示,将图 6.3 条石般排列的各印制图案换为音叉,电磁波换为音波,谐振换为共鸣,滤波器入口换为扬声器,出口换为话筒。另外,假定从扬声器出来的声音传送给邻近音叉①,但不传送给其后音叉②、音叉③、话筒。同样,假定音叉①的声音只传送给音叉②,音叉②的声音只传送给音叉③,而且只有音叉③的声音传送给话筒。还假定音叉的共鸣频率相同或非常接近。

若从扬声器输出来含有各种频率成分的声音,则音叉①对其中特定频率成分产生共鸣。若音叉①共鸣发出特定频率的声音,则该声音又使音叉②共鸣。其次,对于音叉②的共鸣,音叉③又共鸣。而且,仅是根据音叉①～音叉③的共鸣选择频率成分的声音送由话筒输出。

条石般排列的印制图案(微带线)具有依据其尺寸决定的谐振频率,如以特定频率声音共鸣的音叉那样,对特定频率进行谐振。根据谐振选择特定的频率成分,同时向邻接印制图案传送功率。

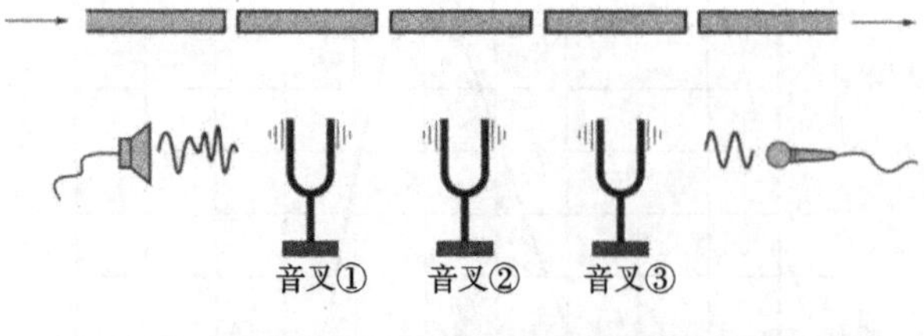

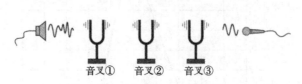

音叉① 音叉② 音叉③

图 6.14 微带线 BPF 的谐振动作与音叉的共鸣动作

6.4.2 印制图案的形状与传输特性

试通过仿真分析图 6.15 所示微带线的传输特性。基板的介电常数为 2.6,厚度为 0.6mm。印制图案的特性阻抗为 50Ω,其长度约为 2.4GHz 时的 1/2 波长,设定为 42mm。在截断间隙的前后设计 10mm 的 50Ω 线。

1. 直接耦合谐振器

图 6.16 示出了边改变印制图案的间隙 S,边仿真分析得到的

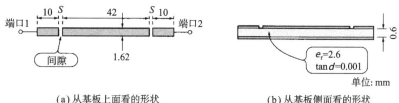

(a) 从基板上面看的形状　　　　　(b) 从基板侧面看的形状

图 6.15 微带线谐振电路①

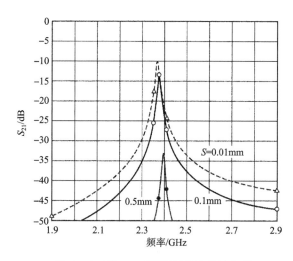

图 6.16 图 6.15 所示 BPF 的传输特性

传输特性。

　　由于线端彼此间耦合弱,因此通频带的损耗大,但能得到非常
陡峭的特性。在低频,条石般排列的印制图案作为断线处理,由此
可知,对于该频带,这是具有 BPF 功能的电路。

　　2. 并联耦合谐振器

　　如图 6.17 所示那样,图 6.18 示出微带线耦合时的仿真结果。
衰减特性虽陡峭,但带通损耗小。

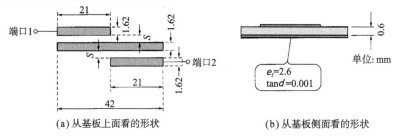

(a) 从基板上面看的形状　　　　　(b) 从基板侧面看的形状

图 6.17 微带线谐振电路②(并联耦合谐振器)

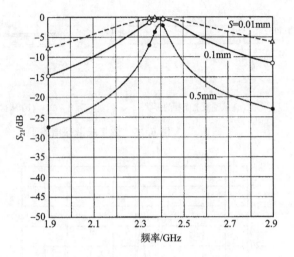

图 6.18 图 6.17 所示 BPF 的传输特性

6.5 用介质谐振器制作的 BPF

这里,试考察一下,使用两个前述 Maruwa 制作的介质谐振器 M3918SSBPF,实际设计并制作 BPF 的情形。

若使用介质谐振器,就能非常简单地制作 GHz 频带的 BPF。可以自行制作实验用 BPF。

容易得到的谐振器外形是长度约为 6mm,谐振频率为 2GHz 的组件。若串联接入传输线中也能制作 BEF。

6.5.1 介质 BPF 的设计

1. 考虑线材的影响重新进行仿真

若对于 2400MHz,稍长的线材对特性也会有很大影响,因此由图 6.12 所示介质谐振器构成 BPF 的仿真电路不正确。连接图 6.9 所示介质谐振器与传输的线材也必须加进仿真电路中。

实际制作时,必须备有连接介质谐振器内导体与传输线的线材,但在市售介质谐振器中,有时已安装了连接端子。

M3918SS 谐振器的内径为 0.75mm,因此,实装时可用粗为 0.5mm 左右的线材进行连接。

连接谐振器端子与传输线的线材长度为 2mm 左右。用于连接的线材尽量短粗为好。

• 仿真结果

对于包含线材的电路,通过仿真对其特性进行再调整。

图 6.19 示出使用时考虑了这种线材的介质谐振器 BPF 的电路图,图 6.20 示出其仿真结果。

比带通高时衰减特性为陡峭形式,但低时为缓和特性。

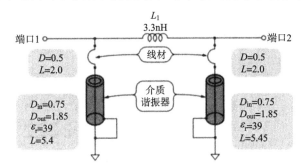

图 6.19 用介质谐振器制作的电感耦合型 BPF

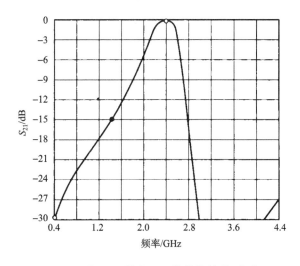

图 6.20 图 6.19 所示 BPF 的传输特性(仿真)

2. 电容耦合的介质谐振器

图 6.19 是用电感对两个介质谐振器进行耦合,这里,如图 6.21 所示,使用电容耦合方式。

图 6.22 示出仿真结果,比带通低或高时衰减特性对称性良好,用该电路进行试作。

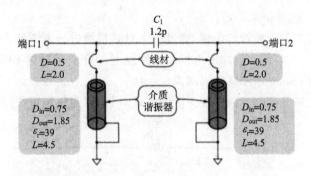

图 6.21 用介质谐振器制作的电容耦合型 BPF

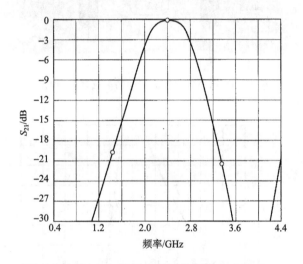

图 6.22 图 6.21 中 BPF 的传输特性(仿真)

(1) 仿真条件

接下来通过仿真来决定耦合电容 C_1 的容量。

介质谐振器与传输线假设使用粗 0.5mm、长 2mm 的线材。另外,考虑到谐振器的配置间隔,在电容两端配置长 1mm 的线。

印制基板使用介质厚度为 0.635mm,铜箔厚度为 $18\mu m$ 的高频用基板 25N(Arlon 公司),传输线(50Ω)的线宽为 1.5mm。

(2) 仿真结果

图 6.23 是仿真电路,图 6.24 示出其分析结果。与图 6.22 比较可知,C_1 的容量大时,带宽变宽。

最后,考虑通过频带的平坦性(纹波)与接入损耗,决定使用 2pF 电容。中心频率约为 1750MHz,−3dB 通过带宽约为 700MHz。

3000MHz 以上所见的波峰是分布常数电路中所见特性的重复形式。

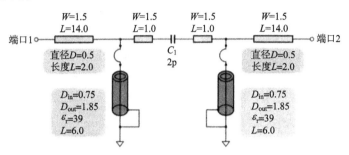

图 6.23 试作的介质谐振器制作的 BPF

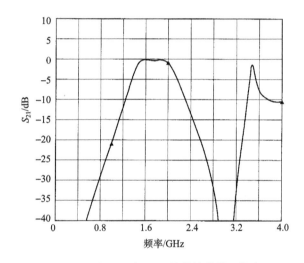

图 6.24 图 6.23 中 BPF 的传输特性（仿真）

6.5.2 试作的步骤

1. 介质谐振器长度的调整

试作现有使用的谐振器,但制作特定频率的滤波器时,要用比所期望长度长的介质谐振器。最初,谐振频率较低,但边观察频率特性,要边削短介质谐振器的长度。

由于介质谐振器为陶瓷制产品,因此不能简单削短。要用砂纸在其上研磨,耐心地一点点研磨。

2. 元件的实装与组装

图 6.25 示出所试作印制基板的印制图案与元件配置。要用

小刀等将铜箔剥去。制作的印制基板外观如照片 6.6 所示。

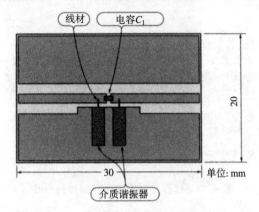

图 6.25 试作的介质谐振器 BPF 的元件实装图

(a) 印制基板

(b) 实装元件处

照片 6.6 制作的介质谐振器 BPF 的印制基板外观

印制基板加工好之后实装元件,在各端口安装上连接器。连接器为 SMA 式插座,可直接焊在基板上。

谐振器的接地图案与背面的接地图案连接起来。这样 BPF

就大致完成了,但基板无意加力时,有可能损伤所实装元件,因此,基板背面在焊接铜板或黄铜棒等以增加其强度。

6.5.3 特性评价与调整

使用网络分析仪进行测试。

图 6.26 示出无调整状态时频率特性。在图 6.24 中横轴(频率)与纵轴(增益)的刻度一致。

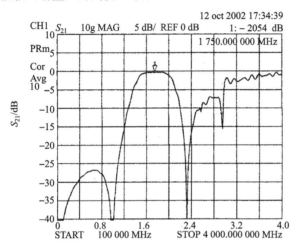

图 6.26 试作的介质谐振器 BPF 的传输特性(实测)

(1)带通的确认

带宽和中心频率都与仿真结果非常一致。接入损耗约为 0.2dB,无调整时也能得到非常好的结果。

(2)截止频带的确认

在带通两侧也能得到比仿真结果更加陡峭的衰减特性。在低频侧,可得到良好的衰减特性,但在高频侧,其特性比仿真结果差。这是受到电容 C_1 的阻抗频率特性与不完全接地影响的缘故。

6.6 *LC* 谐振电路制作的 BPF

6.6.1 使用软件工具进行简单设计

1. 利用主页提供的免费软件工具

若是简单的谐振电路,拥有一台计算器就能使用式(6.1)轻松进行设计,但想得到具有所期望的通过带宽与衰减特性等,设计实际的 BPF 就不那么简单了。

如图 6.27 所示,这是主页上能免费利用的滤波器设计工具,可使用这种工具进行滤波器的设计。可在 http://www1.sphere.ne.jp/i-lab/ilib/ 上使用这种软件工具。

但是,使用这种工具求出常数,若处理的频率变为 2400MHz,则构成滤波器必要的 L 和 C 值变得非常小,但有时无法得到这种元件。

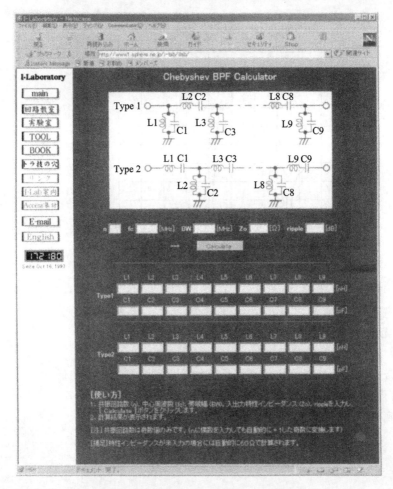

图 6.27 WEB 上滤波器的软件免费设计工具 (http://www1.sphere.ne.jp/i-lab/ilab/)

2. 将两个 LC 并联谐振电路串联连接

由于图 6.6 所示 BPF 的 $C_1 \sim C_3$ 值是不成整数的值,因此,如图 6.28 所示,重新调整到实际能得到的常数,用该电路试作并进行评价。

图 6.29 示出仿真结果。由此可知,在通过频带反射少,在截止频带反射多。S_{11} 表示从端口 1 输入信号时的反射损耗。

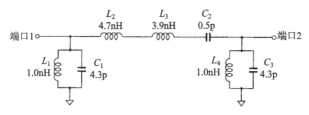

图 6.28 将图 6.6 所示 BPF 的常数改为实际能得到的常数

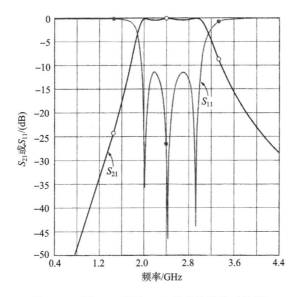

图 6.29 图 6.28 所示 BPF 的传输特性(仿真)

6.6.2 试作的步骤

1. 元件的选择与印制图案

为了尽量减少分布常数电路的影响,L 和 C 使用 1005 型的小型元件,另外,各元件尽量接近配置。

图 6.30 (a)示出试作的 BPF 的印制图案。印制基板使用介质厚度 0.635mm,铜箔厚度 $18\mu m$ 的高频用基板 25N(Arlon 公司)。端口 1～BPF～端口 2 连接的传输线(微带线)用 50Ω 特性阻抗进行设计,可计算出阻抗 50Ω 的印制图案宽度为 1.5mm。

照片 6.7 (a)是制作的印制基板的外观。

2. 元件的实装与组装

印制基板加工好后,实装元件。图 6.30 (b) 示出元件实装图。

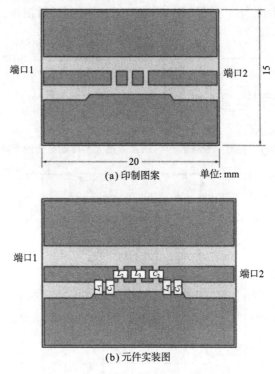

(a) 印制图案 单位: mm

(b) 元件实装图

图 6.30 制作 BPF 的印制图案与元件实装图

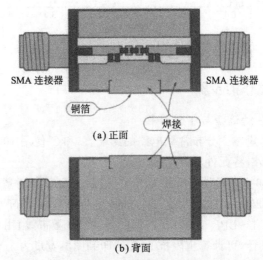

(a) 正面

(b) 背面

图 6.31 在基板上安装插座的 SMA 连接器

元件实装后,在各端口安装连接器。如图 6.31 所示,将 SMA 的插座直接焊在基板上。用厚为 0.1mm 左右的铜箔将并联谐振电路的接地图案与背面接地图案焊在一起。

当基板无意加力时,有可能损伤实装的元件,因此在背面焊接铜板或黄铜棒等增大基板的强度。由于 1005 型小型元件承受应力的能力较弱,因此需要注意这一点。

照片 6.7 (b) 是实装元件并组装好的 *LC* BPF 外观。

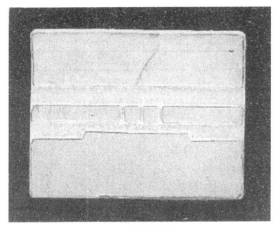

(a) 印制基板

(b) 实装元件处

照片 6.7 制作的 *LC* 谐振器 BPF 的印制基板外观

6.6.3 特性评价与调整

1. 无调整的传输特性

使用网络分析仪测试频率特性。图 6.32 示出无调整状态的特性。这是 BPF 那样的特性曲线,但观察到通过频带部分的中心频率在 1900MHz 附近,也比设计值低 500MHz。

比通过频带低时可得到一定程度的衰减特性,但高时不能得

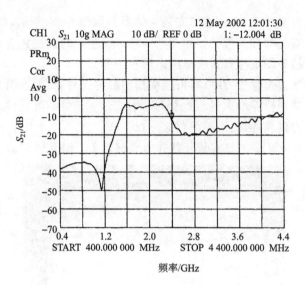

图 6.32 制作的 LC 谐振 BPF 基板的初始特性（实测）

到充分的衰减特性。

2. 特性差的原因

这与图 6.28 的仿真结果（图 6.29）相差很大，试考察一下其原因。

首先，测试构成 BPF 的串联谐振电路与并联谐振电路为何种频率特性。

（1）串联谐振电路的频率特性

图 6.33（a）所示的是用图 6.28 中 L_2、L_3、C_2 构成的串联谐振电路的频率特性。

谐振频率是在 1900MHz 左右。在 $L_2 + L_3 = 8.6\text{nH}$，$C_2 = 0.5\text{pF}$ 时，谐振频率设计值为 2427MHz，比其低 500MHz。

在 4300MHz 附近看到特性急剧变化，但这是与电感本身具有的电容成分形成并联谐振引起的（自谐振）。

（2）并联谐振电路的频率特性

图 6.33（b）所示的是用图 6.28 中 L_1 和 C_1 构成的并联谐振电路的频率特性。

谐振频率是在 2150MHz 左右。在 $L_1 = 1\text{nH}$，$C_1 = 4.3\text{pF}$ 时，谐振频率设计值为 2427MHz，比其约低 280MHz。

在 2800MHz 附近见到特性急剧衰减，但这是与电容器本身的电感成分形成串联谐振引起的自谐振。

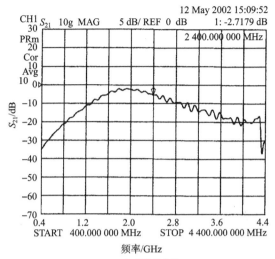

(a) 串联谐振电路

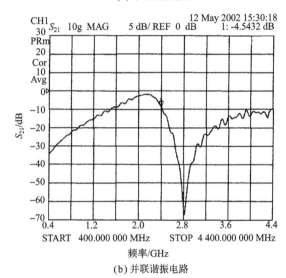

(b) 并联谐振电路

图 6.33 图 6.28 的串联谐振电路与并联谐振电路的频率特性（实测）

（3）自谐振的原因

由这些结果可知,对于这种频带,单片电感与电容的实际常数都较大偏离其表示值,这是导致通过频带偏离的原因。

对于高频端,由于接近自谐振频率的影响,由此 *L* 与 *C* 没有了电感与电容的功能,因此,得不到衰减特性。

单片电感与电容的高频特性正在进行改善,但用于 GHz 频带时,需要注意其阻抗特性。

3. 调 整

虽不能得到足够好的特性,但只在通过频带的中心频率处看到特性非常一致。

图 6.34 示出调整后的常数,图 6.35 示出传输特性。

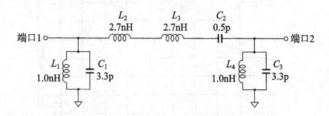

图 6.34 调整图 6.28 的常数

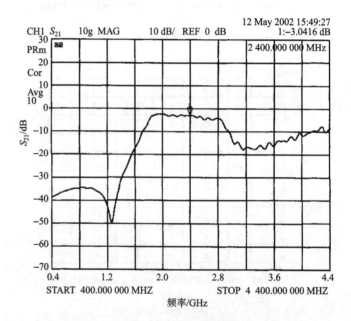

图 6.35 图 6.34 中 BPF 传输特性（实测）

第 7 章
检波电路的设计与制作
——将调制信号进行解调的技术

本章设计并实际制作解调电路的基本形式,即由二极管构成的 GHz 频带的检波电路。

这里,为了理解其工作原理,使用二极管、电容、电阻与电感等模拟方式制作的检波电路,但无线 LAN 等,最近大多数无线数据通信的解调电路是使用 A/D 转换器存取 IF 信号的数字电路实现的。

如图 7.1 所示,在收发信系统中,检波电路设置在基带电路的前级,根据 AM（Amplitude Modulation）与 ASK（Amplitude Shift Keying）调制信号、脉冲调制信号等,恢复调制前的信号。

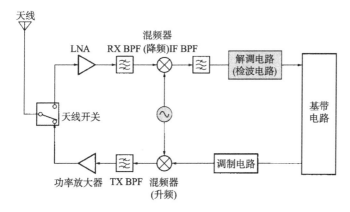

图 7.1 GHz 频带收发信系统中检波电路的作用

7.1 检波电路的主要元件—肖特基二极管

1. 与 PN 结型硅二极管的不同处

高频信号的检波经常使用在混频器等中,也是最常使用的肖特基二极管(以下简称 SBD)。SBD 有与通用 PN 结型硅二极管同样的整流特性。

(1)高速工作

PN 结型硅二极管是 P 型与 N 型半导体接合而制成的,由多数载流子与少数载流子移动电荷。而 SBD 是金属与半导体接合构成的,只有多数载流子,因此,可以非常高速工作,也能在高频领域中使用。

(2)反向电压和正向电压都低

试观察一下实际的 SBD 特性。表 7.1 示出实际的 SBD 特性实例。

最明显的是反向电压与正向电压都低。反向电压比一般 PN 结二极管低 1 个数量级左右,而正向电压只有其一半左右。

专 栏

推荐好书

Microwave Solid State Circuit Design

遇到不懂的问题或工作中有困难时,首先,想要看一本初级的入门类图书。一定是这样的,在该书中刊载了各种资料,便于初学者查阅使用。

作者也有这本书。遇到困难时,首先,参考这本书,若仍有弄不懂的地方,再参考其他的书,慢慢地就明白了。

在该书中,有如下的广泛内容,并是浅显易懂的说明。

- 传输线
- 匹配电路/滤波器等无源电路
- 放大器/混频器等有源电路
- 开关/移相器等控制电路
- 半导体

Inder Bahl, Prakash Bhartia 著,914p.,US $ 250(amazon.com 的售价),John Wiley & Sons 出版,ISBN 0-471-83189-1

2. SBD 可用电阻与电容的等效电路来表示

图 7.2 是高频时 SBD 的等效电路。这样,SBD 可用串联电阻 R_S、非线性结电阻 R_J、非线性结电容 C_J 来表示。

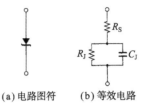

检波电路与混频器中使用的二极管期望是串联电阻与结电容小的二极管。

表 7.1 所示的端子间电容是封装电容与结电容之和。若封装形状相

(a) 电路图符　　(b) 等效电路

图 7.2 SBD 等效电路

同,根据表所示的端子间电容,就能大概知道 C_J 的数值。而根据表 7.1,不能了解 R_S 的值。

3. 实际 SBD 的 I_F-V_F 特性

试测试一下表 7.1 所示 HSU276 的 I_F-V_F 特性。使用恒流源,将正向电流(I_F)从 50nA 变到 20mA,测试其端子电压。

表 7.1　在检波电路中使用的 SBD 规格

型　号	制造厂家	最大反向电压 $V_R(I_F=2\text{mA})$ /V	正向电压 V_F ($V_F=0.5$V) /V	正向电流 I_F /mA	反向电流 I_R /μA	端子间电容量 @1MHz C_T/pF
HSU276	日立	3	—	$35_{\min}$	$50_{\max}(V_R=0.5\text{V})$	$0.85_{\max}(V_R=0.5\text{V})$
1SS315	东芝	5	0.25_{typ}	$30_{\min}$	$25_{\max}(V_R=5\text{V})$	$0.6_{\text{typ}}(V_R=0.2\text{V})$
JDH2S01T	东芝	5	0.25_{typ}	$30_{\min}$	$25_{\max}(V_R=5\text{V})$	$0.6_{\text{typ}}(V_R=0.2\text{V})$

图 7.3 示出 I_F 与 V_F 的测试结果。由此可知,在其加的电压比 PN 结型硅二极管的电压低时,就开始有较大电流流通。

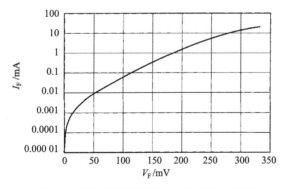

图 7.3 SBD HSU276 的 I_F-V_F 特性(实测)

7.2 检波电路的种类

1. 四种检波电路

图 7.4 示出实际常用的四种检波电路。

(1) 正峰值检波电路

图 7.4 (a)示出其电路,这是可以得到正极性检波输出的检波电路。RF 输入信号为振幅一定的载波时,检波输出中能得到与载波振幅成比例的正的直流电压。

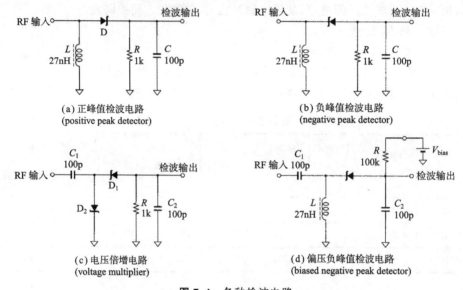

(a) 正峰值检波电路
(positive peak detector)

(b) 负峰值检波电路
(negative peak detector)

(c) 电压倍增电路
(voltage multiplier)

(d) 偏压负峰值检波电路
(biased negative peak detector)

图 7.4 各种检波电路

(2) 负峰值检波电路

图 7.4 (b)示出其电路。这是 SBD 与图 7.4 (a)为反向连接的检波电路,可以得到负极性的检波输出。

(3) 电压倍增电路

图 7.4 (c)示出其电路。这是使用两个 SBD 的检波电路,可以得到图 7.4 (b)检波电路的数倍检波输出。

(4) 加有偏置的负峰值检波电路

图 7.4 (d)示出其电路。这是 SBD 中稍有直流偏置电流流通,在 I_F-V_F 特性的线性部分工作的检波电路。输入高频信号电平较小时,这种电路可以减小失真。

2. 前级需要阻抗匹配电路

实际上,图 7.4 的各检波电路与其前的连接电路在使用频带中必须取得阻抗匹配。若失配,则检波器的灵敏度就会变低。若使用 50Ω 的电阻取代扼流圈 L,则检波器的灵敏度也会变低,但变成取得匹配的宽频带检波器。

7.3　用 SBD 制作的检波电路

使用表 7.1 中所示的 SBD HSU276,设计制作图 7.5 所示的检波电路。

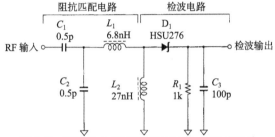

图 7.5　制作中心频率为 2400MHz 的检波电路

基本电路构成如图 7.4 (a) 所示,这是一种正峰值检波电路,根据需要,增设阻抗匹配电路。中心频率为 2.4GHz,也就是说,2.4GHz 时取得阻抗匹配。

7.3.1　电路的说明

1. 检波电路部分

检波动作产生的直流偏置电流通过 $L_2{\to}D_1{\to}R_1$ 路径流通。

首先,决定扼流圈 L_2 的值。为了在使用频率中具有非常高的阻抗,L_2 使用 27nH。当然要使用叠层单片型电感。

其次,决定 $R_1(\Omega)$ 与 $C_3(F)$ 的值,下式可求出大致值。

$$Z_{in}=R_1C_3\leqslant\frac{\sqrt{\dfrac{1}{m^2}-1}}{3.8f_{Mmax}} \tag{7.1}$$

式中,m 为调制指数 $(0{\leqslant}m{\leqslant}1)$;$f_{Mmax}$ 为最大调制频率(Hz)。

由图 7.4 和式 (7.1) 可知,也要注意检波输出所接电路的阻抗。这里,$R_1=1k$,$C_3=100pF$。C_3 使用叠层单片电容,R_1 使用单片电阻。

2. 阻抗匹配电路

在检波电路与 RF 输入间接入阻抗匹配电路。

将 RF 输入信号电平设定为 $-20dBm$ 时进行阻抗匹配的调

整。由于检波输出是低频信号,因此不用特别设置连接器,使用示波器的探头就能连接。

7.3.2 试作与特性评价

图 7.6 示出所试作检波器的元件配置图,照片 7.1 为其外观图示。

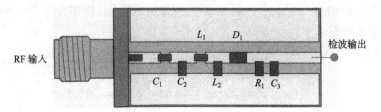

图 7.6 制作检波器的元件配置图

照片 7.1 制作的检波器

1. 输入输出特性

图 7.7 示出在 RF 输入端,输入 2.4GHz,$-20 \sim +4$dBm 的信号时检波器的输入输出特性。

由图 7.7 (b) 可知,RF 输入功率 v_{in} 与检波输出电压 v_{out} 成正比关系。

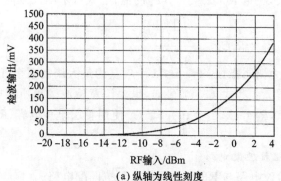

(a) 纵轴为线性刻度

图 7.7 制作的检波器的输入输出特性

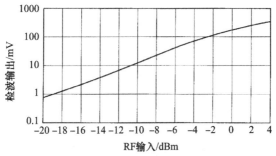

(b) 纵轴为对数刻度

图 7.7 制作的检波器的输入输出特性(续)

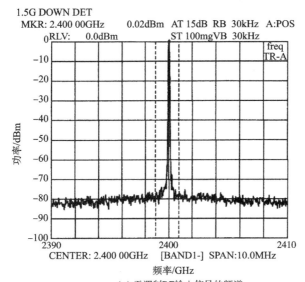

(a) 无调制RF输入信号的频谱

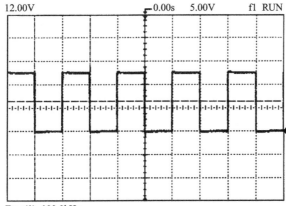

Freq(1)=100.0kHz

(b) 调制输入信号波形(2V/div.5ms/div.)

图 7.8 调制前后载波信号的频谱与波形

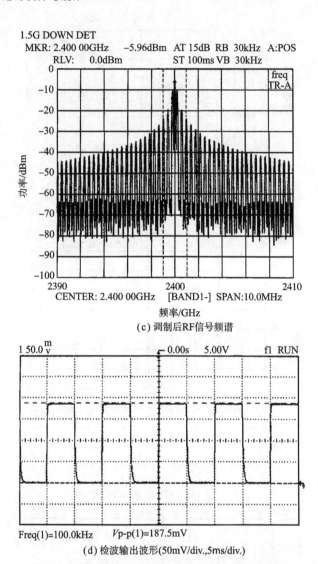

(c) 调制后RF信号频谱

(d) 检波输出波形(50mV/div.,5ms/div.)

图 7.8   调制前后载波信号的频谱与波形(续)

2. 解调信号的确认

试考察一下在所制作的检波电路中输入脉冲调制的 RF 信号数据解调的情况,输入信号是 2.4GHz,0dBm 的 RF 信号,用 100kHz 对其进行脉冲调制。

图 7.8 示出调制前后载波信号的频谱与调制信号波形。图 7.8 (d) 所示的是检波输出波形。如图所示,可以得到 100kHz 的矩形波,进行解调。波形变钝是受到检波电路时间常数 ($R_1 C_3$) 的影响。

第 8 章
振荡电路的设计与制作
——从振荡原理到 VCO 的制作

本章介绍,构成图 8.1 所示 GHz 频带收发电路中,本地振荡器等的高频振荡电路的设计实例。

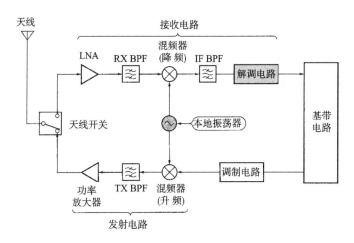

图 8.1 GHz 频带收发系统的框图

高频振荡电路中,使用分立式晶体管的 *LC* 振荡电路与利用 VCO(Voltage Controlled Oscillator)的 PLL(Phase Locked Loop)等。

特别是第 9 章所详细说明的 PLL,它是利用负反馈技术的电路,由鉴相器、VCO、分频器、环路滤波器等构成。为了在所期望频带内得到良好的振荡稳定度与瞬态响应特性,需要认真设计环路滤波器。

8.1 振荡电路的基础

　　所谓振荡就是在放大器的输入即使不加信号,放大器也处于持续输出一定频率和振幅信号的状态。首先,简单说明该振荡的原理。

　　若是制作过高频放大器的人,一定有处理异常振荡的经验。为了理解振荡器的动作原理,这种异常振荡给予我们重要的启示。

8.1.1 产生振荡的原因

1. 应用正反馈

　　图 8.2 是通过反馈电路,将输出一部分返回到输入的反馈放大器的框图。

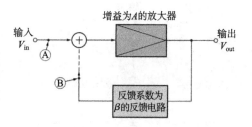

图 8.2 振荡电路的基本反馈放大器

　　图 8.3 与图 8.4 示出图 8.2 的反馈电路与输入间断开状态时所观测Ⓐ点与Ⓑ点波形实例。图 8.3 示出施加正反馈时波形,图 8.4 示出施加负反馈时波形。

　　对于正反馈电路,来自反馈电路信号与输入信号为同极性相加,因此,输入输出间增益也比放大器的增益 A 大。比输入信号大的信号通过反馈加到输入时,即使无输入信号,也把反馈信号作为输入,永远有输出信号。这样,振荡电路是应用正反馈技术的电路。

　　负反馈用于改善失真与频率特性,声频放大电路中经常使用这种电路。由于反馈信号与输入信号相抵消,输入输出间增益也变得比放大器的增益 A 小。而且,反馈量越大,输入输出间增益越降低。将输出信号原封不动地返回输入的负反馈电路其增益为1,若不返回输出信号,则增益为 A。

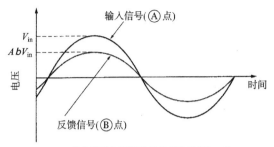

(a) 输入信号与反馈信号的相位差 f 为 0° 时

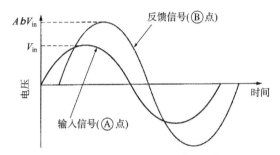

(b) 输入信号与反馈信号的相位差 f 为 0° < f < 180° 时

图 8.3 正反馈动作时（0° ≤ ϕ < 180°）输出波形和输入波形

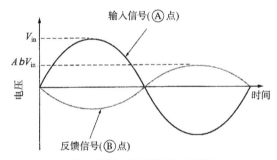

(a) 输入信号与反馈信号的相位差 f 为 180° 时

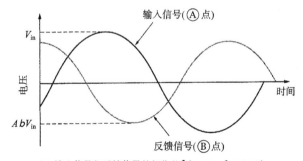

(b) 输入信号与反馈信号的相位差 f 为 180° < f < 360° 时

图 8.4 负反馈动作时（180° ≤ ϕ < 360°）输出波形和输入波形

2. 振荡的条件

（1）持续振荡的条件

若构成正反馈电路,通过反馈电路将放大器输出一部分加到输入,就会开始振荡。这里,试考察一下振荡条件。

若放大器的增益为 A,反馈电路的反馈系数为 β,则输入输出间增益 G 可由下式求出：

$$G = \frac{A}{1 - A\beta} \tag{8.1}$$

振荡的持续条件需要以下两项：

① $A\beta = 1$；

② 反馈信号与输入信号同相位。

图 8.5 示出振荡放大器的开环增益 A 与反馈系数 β 之间关系。由图可知,若 A 较大,则稍有一点反馈量就能简单产生振荡。

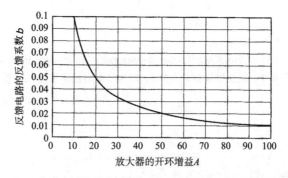

图 8.5　振荡放大器增益 A 与反馈电路的反馈系数 β

若开始振荡,则认为输出电平会无限增大。但实际上,由于放大器输出电平到达电源电压时进入饱和,增益 A 降低,因此,在 $A\beta$ $=1$ 时处于稳定状态。

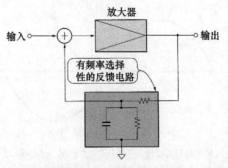

图 8.6　使用具有频率选择特性反馈电路的反馈放大器

（2）振荡频率由反馈电路的频率选择性决定

如图 8.6 所示，若在反馈电路中接入具有频率选择性的电路，则反馈放大器就会以该频率进行振荡。

8.1.2 各种反馈电路

1. 基本上是 LC 谐振电路

这种电路具有频率选择性，在反馈电路中使用的典型元件是晶振。

对于 100MHz 以上的频率，主要使用 LC 谐振电路。

有时也用分布常数电路的微带线与介质同轴谐振器取代 LC，但原理与 LC 谐振电路相同。

2. LC 谐振电路的基本动作

图 8.7(a) 示出 LC 构成的并联谐振电路。也考虑了电容与电感的寄生电阻成分。

图 8.7(b) 所示的是在 LC 并联谐振电路的谐振点附近，阻抗频率特性实例。如图所示，由于 LC 并联谐振电路具有频率选择性，因此，可用作反馈电路。

* L 和 C 之间的能量转换

由于谐振电路能储存高频功率，因此也称为储能电路。

若使用超传导元件制作无损耗的谐振电路，从谐振电路中不

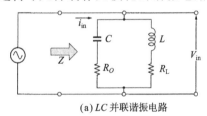

(a) LC 并联谐振电路

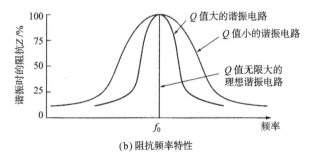

(b) 阻抗频率特性

图 8.7 LC 并联谐振电路的阻抗与电压-电流相位差的频率特性

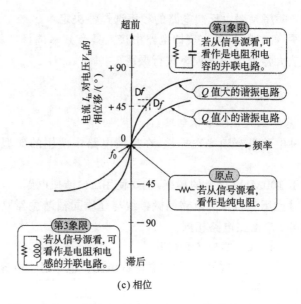

图 8.7 *LC* 并联谐振电路的阻抗与电压-电流相位差的频率特性（续）

能取出能量，则加在电路中高频功率在 *L* 与 *C* 间永久性无消耗转换。但是，实际上，谐振电路有损耗，因此，为了对其补偿，需要增设放大器。

转移高频功率的频率由 *L* 和 *C* 的值决定，这种频率称为谐振频率。

8.1.3 谐振电路的 *Q* 值越大，越能得到高稳定度与纯正度

1. 表示损耗大小的重要参数"*Q*"

品质系数 *Q* 是用电感或电容在 1 周期所储存的高频能量与消耗能量之比进行定义。也就是说，所谓"谐振电路 *Q* 值大"，这意味着谐振电路的功率损耗小。

2. 谐振电路的 *Q* 值越高，相位噪声越小

表示振荡电路信号纯正度的性能参数中有"相位噪声特性"。

这是对于偏离振荡频率，某程度的频率用 1Hz 带宽的噪声功率定义频率偏移程度。

最近的数字数据无线通讯设备采用 QPSK 等，调制信号的

相位,传输信息调制方式。对于这些设备,由于需要低相位噪声振荡器,因此,Q 值大小特别重要。

3. Q 值大,频率偏移变小

由于放大器必定产生内部噪声,因此振荡器输出频率(相位)经常偏移。若振荡器偏离输出频率,就能修正振荡频率使其与输入信号同相位。

图 8.7(c)示出 LC 并联谐振电路的频率-相位特性。以谐振点为界,电抗从感性到容性变化,Q 值越大,其变化越急剧。

若反馈电路的 Q 值高,即使输出频率的变化量因放大器的噪声而稍微变化,则反馈电路的相位也发生较大变化。

振荡器在反馈电路的增益变为最大频率时稳定,因此,对变化反应敏感,恢复为原来的振荡频率。也就是说,反馈电路中使用的谐振电路的 Q 值越大,越能得到稳定的纯正度高的输出信号。

此处所说的"稳定"是指非常短期间的稳定,这意味着频率的偏移小。若温度或蠕变时频率变化慢,则也用作表示变化时的稳定性,但对于慢变化可用 PLL 等电路技术进行处理,因此,实际不会有问题。

4. 为了得到高 Q 值

(1) 微带线作为 L 使用

由于实际谐振电路的损耗大部分是由电感产生的,因此,为了提高谐振电路的 Q 值,需要使用低损耗电感。

单片电感的典型 Q 值为 $20\sim50$,空芯线圈的 Q 值也只有 100 左右,因此,实际上使用电感不能制作频率为 $100\mathrm{MHz}$ 以上高 Q 值的谐振电路。

这时,利用作为电感功能的微带线等。

(2) 也考虑使用放大元件的负载效应

实际振荡电路中谐振电路与放大元件之间用某阻抗进行耦合。

若在晶体管等放大元件中连接谐振电路,则谐振电路的 Q 值也比空载时降低,Q 值降低量与连接谐振电路与放大元件的阻抗成反比。

若错误选定电路方式与常数,则谐振电路的 Q 值过小,相位噪声特性变坏。

8.2 各种 *LC* 振荡电路

8.2.1 科耳皮兹振荡电路与哈特莱振荡电路

在反馈电路中使用 *LC* 谐振电路的称为 *LC* 振荡电路。高频振荡电路的放大元件多数情况仍使用分立式晶体管。

晶体管与 *LC* 谐振电路有各种耦合方法,但在高频中使用的典型 *LC* 振荡电路有以下两种:

① 哈特莱(Hartley)振荡电路(图 8.8 (a));

② 科耳皮兹(Colpitts)振荡电路(图 8.8 (b))。

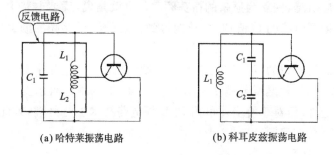

(a) 哈特莱振荡电路   (b) 科耳皮兹振荡电路

图 8.8 两种 *LC* 振荡电路

两者之差是由电感还是电容决定 *LC* 谐振电路的反馈量。

高频振荡时,最好使用科耳皮兹振荡电路。其原因是晶体管的基极-射极间电容看作谐振电路的一部分,只要一个电感即可。

科耳皮兹振荡电路的振荡频率 f_0(Hz)可用下式表示:

$$f_0 = \frac{1}{2\pi\sqrt{LC}} \tag{8.2}$$

式中,$\dfrac{1}{C} = \dfrac{1}{C_1} + \dfrac{1}{C_2}$

8.2.2 克拉普振荡电路

1. 特 征

· 设计自由度大的克拉普振荡电路

对于科耳皮兹振荡电路,由于存在与 C_1 和 C_2 并联晶体管的电阻成分,谐振电路的有效 *Q* 值降低。对此改善的电路是图 8.9 所示的克拉普振荡电路。

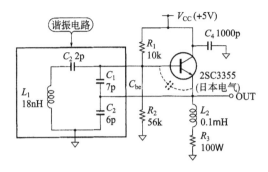

图 8.9 1GHz 频带的克拉普振荡电路实例

该电路由 C_3 的值改变反馈量,因此,与科耳皮兹振荡电路相比较,其特征是 Q 值降低少,设计自由度大。

从 C_3 看右侧的元件,是某电容与电阻成分(负电阻)。这里,若不接 C_3,只接 L_1,则晶体管的输出阻抗和偏置电阻接到并联谐振电路中,Q 值降低。C_3 的接入有效避免了放大器的输入输出阻抗与谐振电路以低阻抗进行深耦合。但较难产生振荡。

不用 C_3,选择 C_1 与 C_2 之比也能调整反馈量,但若频率变为 GHz 以上,由于受 Tr_1 基极-射极间电容量所支配,因此,不能自由设定反馈。

2. 等效电路

(1) 用谐振电路与负阻表示

图 8.10(a)是使用双极型晶体管的克拉普振荡电路。用等效电路可容易理解这种振荡电路的工作原理。

若观察包括图 8.10(a)所示正反馈电路中晶体管的基极,如图 8.10(b)所示,则能看到电容与负电阻成分。

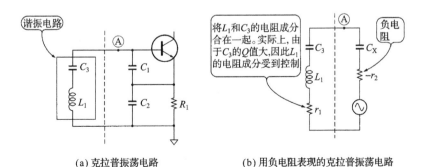

(a) 克拉普振荡电路　　　　　(b) 用负电阻表现的克拉普振荡电路

图 8.10 用负电阻表示的克拉普振荡电路

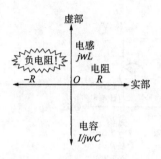

图 8.11 负电阻的阻抗极性

（2）何谓负电阻

所谓负电阻，如图 8.11 所示，这是具有与消耗能量的"电阻"动作方向相反的电阻。也就是说具有的特征是：若电阻两端电压上升，则电流就会减少。

例如，反馈放大器与耿式二极管具有这种负电阻性质。若在史密斯图上标示负电阻，则在其圆的外侧。

3. 开始振荡的条件

图 8.10(a)所示电路中，振荡条件是在"电感 L_1 ＋电容 C_3"与 C_X 变为相同电抗的频率时，下式成立。

$$|r_1| < |-r_2| \tag{8.3}$$

式中，r_1 为电感 L_1 的等效电阻（Ω）；r_2 为晶体管侧的负电阻成分（Ω）。

包含图 8.10(a)中 C_1 和 C_2 在内的反馈电路成为负电阻，感到难以理解，因此使用数学表达式进行分析看看。

图 8.12 是 8.10(a)的等效电路。若通过Ⓐ点的电流为 i_A，Ⓐ点的电压 v_A(V)可用下式求得。

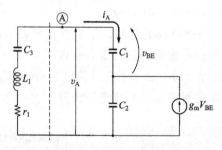

图 8.12 克拉普振荡电路的等效电路

$$v_A = \frac{i_A}{j\omega C_1} + \frac{i_A + g_m v_{BE}}{j\omega C_2} \tag{8.4}$$

式中

$$v_{BE} = \frac{i_A}{j\omega C_1} \tag{8.5}$$

因此下式成立

$$\frac{v_{\mathrm{A}}}{i_{\mathrm{A}}}=\frac{1}{j\omega C_{1}}+\frac{1}{j\omega C_{2}}-\frac{g_{\mathrm{m}}}{\omega^{2}C_{1}C_{2}} \tag{8.6}$$

最后项的 $g_{\mathrm{m}}/(\omega^{2}C_{1}C_{2})$ 可理解为表示负电阻成分。

为了振荡,必须满足下式:

$$r_{1}<\frac{g_{\mathrm{m}}}{j\omega C_{1}C_{2}} \tag{8.7}$$

若负电阻成分与谐振电路的损耗量相抵消,则振荡开始,振幅增大。若放大器开始饱和,则 g_{m} 逐渐降低,负电阻 r_{2} 也变小。

若达到 $r_{1}=r_{2}$ 时,则以稳定的振幅持续振荡。若此时的振荡频率为 f,则可用下式求出:

$$(2\pi f)^{2}L=\frac{1}{C_{1}}+\frac{1}{C_{2}}+\frac{1}{C_{3}} \tag{8.8}$$

根据能获得进行振荡所需要足够大的负电阻来设定 C_{1} 与 C_{2} 的值。另外,低温时晶体管的增益降低也能开始振荡那样设定电路常数。

频率超过 2GHz 时,用晶体管内部电容 C_{BE} 就能完全替代 C_{1},有时不用外接电容。

8.3　VCO 的基础知识

8.3.1　VCO 要求的特性

所谓 VCO(Voltage Controlled Oscillator)就是由外部直流电压控制振荡频率的振荡器,这是 PLL 中必须的重要电路。如图 8.13 所示,不仅使用晶体管的分立式电路,也广泛利用单片IC 等。

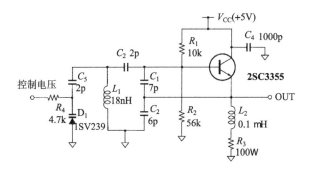

图 8.13　应用克拉普振荡电路的 VCO

1. 高频时需要高 Q 值的谐振电路

由于相位噪声与振荡频率成比例变大,因此,即使用具有相同 Q 值的谐振电路的 VCO,处理频率越高越不利。因此在高频带需要高 Q 值的谐振电路。

设计 VCO 时,放大元件与谐振电路的耦合不能过于紧密,重要的是不能降低有效 Q 值。另外,电路的寄生电容与配线寄生电感也不能忽略。

2. 使用传输线可构成高 Q 值的谐振电路

对于几百 MHz 以上的频率,由于电感的 Q 值变大较难,很多情况下使用传输线取代电感。

• 传输线作为电感

如图 8.14 所示,以一端作为终端的传输线在长度为有效波长 λ_g 的 1/4 以下时表示为感性。终端短路时的同轴电缆的特性阻抗 $Z_{in}(\Omega)$ 可用下式表示。

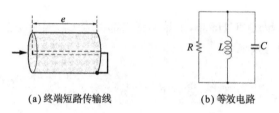

(a) 终端短路传输线　　　　　(b) 等效电路

图 8.14　终端的传输线及其等效电路

$$Z_{in} = jX_L = jZ_0 \tan\theta \tag{8.9}$$

式中,$0 \leqslant \ell \leqslant \lambda_g/4$;$Z_0$ 为同轴电缆的特性阻抗(Ω);θ 为电气长度 $(2\pi\ell/\lambda_g)$(rad);ℓ 为传输线的物理长度(m);λ_g 为相对介电常数 ε_r 的传输线的有效波长 $\dfrac{3\times10^8}{f_0\sqrt{\varepsilon_r}}$(m)。

8.3.2　VCO 中主要元件——变容二极管

1. 种类与特征

• 突变型和超突变型

变容二极管的频率可变特性与相位噪声特性因种类不同而有很大差异,因此必须注意选择。

变容二极管有容量变化特性不同的突变型和超突变型两种。

突变型的 Q 值高,可用于宽范围电压,因此适用于低相位噪声的 VCO。超突变型与突变型相比较,频率对控制电压的变化容易作为线性处理,但其缺点是 Q 值低,控制电压范围窄。在宽频带期望线性的频率变化特性时,适合用这种型式。

表 8.1　微波时能使用的变容二极管实例(M-pulse Microwave 公司)

(a) 突变型

型　号	C_{t4}/pF	C_{t0}/C_{t30}	最小 $Q@50MHz$
MP6304	0.5	3.6$_{tpy}$	5000
MP6308	0.9	4.2$_{tpy}$	4800
MP6312	1.4	4.4$_{tpy}$	4400
MP6316	2.1	4.6$_{tpy}$	4000
MP6420	3.2	4.7$_{tpy}$	3600
MP6324	4.6	4.8$_{tpy}$	3200
MP6328	6.7	4.9$_{tpy}$	2800
MP6332	9.9	4.9$_{tpy}$	2400

(b) 超突变型

型　号	C_{t0}/pF	C_{t4}/pF		C_{t20}/pF		最小 $Q@50MHz$
		最小	最大	最小	最大	
MP6504	2.1$_{tpy}$	0.80	1.00	0.25	0.35	500
MP6509	3.3$_{tpy}$	1.25	1.55	0.35	0.45	500
MP6514	4.8$_{tpy}$	1.70	2.10	0.45	0.60	400
MP6519	7.1$_{tpy}$	2.60	3.20	0.60	0.80	400
MP6524	13.9$_{tpy}$	4.40	5.40	0.90	1.20	400

表 8.1 是能在 GHz 频带使用的美国 M-pulse Microwave 公司(http.//www.mpulsemw.com/)的变容二极管一览表。表中介绍的二极管外型都是引线型,除此之外,也有单片型。

　2. 用　法

• 扩大克拉普型 VCO 的频率可变范围

对于构成克拉普振荡电路中谐振电路的电容换为变容二极管的 VCO(图 8.13),其频率可变范围只有 ±10% 以下。

为了扩大频率的可变范围,如图 8.15 所示,与电感串联接入变容二极管。

若频率降低,则变容二极管的偏压变小。其结果,变容二极管开始作为整流元件工作,Q值急剧降低。因此,使用多个变容二极管,使其分散加在一个变容二极管上的电压与电流。

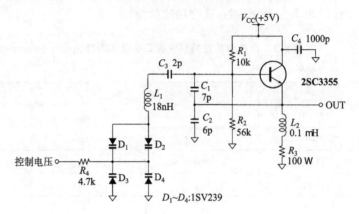

图 8.15 扩大频率可变范围的克拉普型 VCO

8.4 用 LC 谐振电路制作的 VCO

8.4.1 用空芯线圈制作的 VCO

1. 制作与评价

(1) 使用 2 匝的空芯线圈

图 8.16 是可变频率范围为 950~1200MHz 的 VCO。

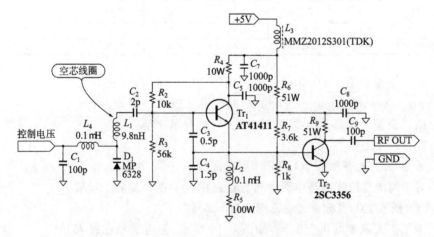

图 8.16 使用空芯线圈的可变频率范围为 950~1200MHz 的 VCO

使用的电感是用粗为 0.3mm 的导线绕制直径为 3mm 的 2 匝空芯线圈,其电感值为 9.8nH。照片 8.1 是制作的基板外观。

若进一步减小电感值,可在 2GHz 以上频率进行振荡,但 1 圈以下的空芯线圈 *Q* 值不容易提高。

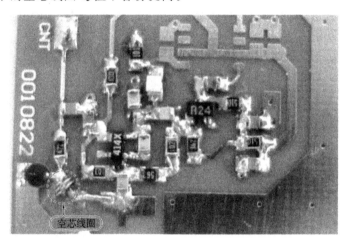

照片 8.1 使用空芯线圈的可变频率范围为 950M～1200MHz 的 VCO

（2）输出信号的频谱

照片 8.2 所示的是输出信号的频谱。

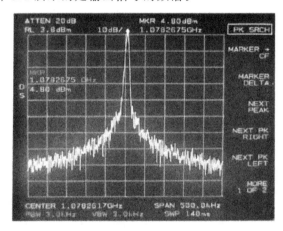

照片 8.2 使用空芯线圈 VCO（图 8.16）的输出信号频谱

偏移频率为 100kHz 时,能得到约 105dBc/Hz 的相位噪声,对于 *LC* 型 VCO 这是一般值。

相位噪声特性是:用在偏离振荡频率的上端或下端一定频率

这点的,1Hz 带宽的噪声功率电平与振荡输出电平的功率比进行定义。偏移频率为 100kHz,这就意味着测试在偏离振荡频率 100kHz 这点的相位噪声。

(3) 振荡频率与输出电平

图 8.17 示出振荡频率与输出电平对于制作的 VCO 控制电压的变化。

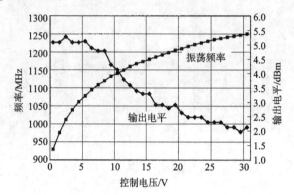

图 8.17 用空芯线圈制作的 VCO(图 8.16)的振荡频率与输出电平

边改变加在变容二极管 D_1 上的控制电压,边进行测试。由于 D_1 实装在印制基板上,即使想增大控制电压,提高振荡频率,也因印制图案等发生电容影响,在高频带振荡频率不能再提高了。

2. 厂商制作的 VCO

照片 8.3 示出的是 BS 调谐器的印制基板的一部分,这是 VCO 中 LC 谐振电路部分放大的照片。

在一圈铜条线圈上悬空接入变容二极管,采用这种办法减少寄生电容的影响。这种实装方法可得到很宽频率可变范围。

照片 8.3 BS 调谐器中 VCO 的 LC 谐振电路部分

8.4.2 作为终端微带线制作的 VCO

1. 制作与评价

图 8.18 是使用终端短路的微带传输线的 VCO。传输线的长度设定为 λ/4 以下，用作电感用。

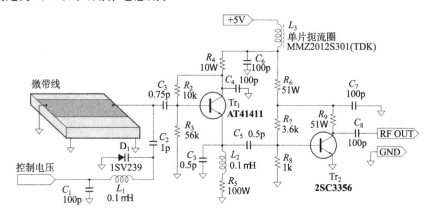

图 8.18 终端微带线所制作的 VCO

在 $\varepsilon_r = 3.5$ 的低损耗微带线（BT）基板上，制作构成微带线的 VCO，并测试频率可变特性。

结果如图 8.19 所示。微带线的长为 12mm，特性阻抗为 30Ω。变容二极管使用 1SV239。由于串联电容 C_2 的影响，频率可变范围变窄。

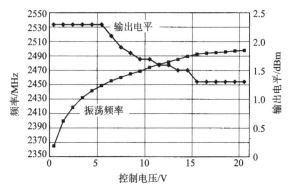

图 8.19 利用终端微带线 VCO（图 8.16）的振荡频率与输出电平

2. 厂家制作的 VCO

照片 8.4 是具有 2.2～3.5GHz 宽频率可变范围的 VCO。

微带线的终端接地构成谐振电路。由于这种谐振电路利用印

微带线

照片 8.4　利用终端短路微带线的 3GHz 频带这样宽频带的
VCO M3500 - 2235(Micronetics 公司)

制图案,因此有难以得到高 Q 值的缺点。再有,为了得到宽频带,
接入的变容二极管降低了谐振电路的 Q 值,因此,相位噪声特性不
太好。

8.4.3　用 $\lambda/4$ 阻抗反转电路制作的 VCO

1. 何谓阻抗反转电路

(1) C 变成 L , L 变成 C 的不可思议电路

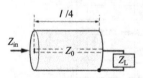

图 8.20　$\lambda/4$ 阻抗反转电路

电气长 $\lambda/4$ 的传输线称为阻抗反
转电路。其原因是:若在负载上连接
这种传输线,则负载的电抗极性就会
反转。

图 8.20 所示的传输线的阻抗 Z_{in}
可用下式表示:

$$Z_{in} = \frac{Z_0(Z_L + jZ_0\tan\theta)}{Z_0 + jZ_L\tan\theta} \tag{8.10}$$

式中,Z_L 为负载阻抗(Ω);Z_0 为传输线的特性阻抗(Ω),电气长为
$\lambda/4$ 时,式(8.10)变为

$$Z_{in} = \frac{Z_0{}^2}{Z_L} \tag{8.11}$$

例如,若在 $\lambda/4$ 传输线上连接容量 C 的电容,则输入阻抗 Z_{in} 为:

$$Z_{in} = \frac{Z_0{}^2}{\dfrac{1}{j\omega C}} = j\omega C Z_0{}^2 \qquad (8.12)$$

这样,容量 C 的电容就变为电感量 $CZ_0{}^2$ 的电感。

(2) 变容二极管变为可变电感

若在变容二极管连接 $\lambda/4$ 传输线,则不是作为可变电容,而是作为可变电感用。

图 8.21 所示是变容二极管与 $\lambda/4$ 传输线组合构成的 VCO 电路实例。由于传输线也是较低损耗,因此能构成高 Q 值的谐振器。

传输线常使用半硬性电缆构成 2.4GHz 的 $\lambda/4$ 阻抗反转电路,这时需要 21mm 长的电缆。

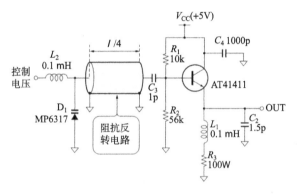

图 8.21　变容二极管与 $\lambda/4$ 传输线组合的 2GHz 频带的 VCO

2. 制作与评价

(1) 利用半硬性电缆

图 8.22 所示的是利用半硬性电缆作为传输线的 2GHz 频带的 VCO。照片 8.5 示出所制作的基板外观。

利用 $\lambda/4$ 传输线使阻抗反转,利用变容二极管作为电感。半硬性电缆是 COAX(公司)的 SC－219/50,直径为 2.2mm。由于半硬性电缆线的波长收缩率为 70%,因此,若 2.4GHz 为中心频率,则 $\lambda/4$ 长度就是 21mm。

实验使用的电缆长为 15mm,比 $\lambda/4$ 短。其原因是可通过调整得到所期望的振荡频率。

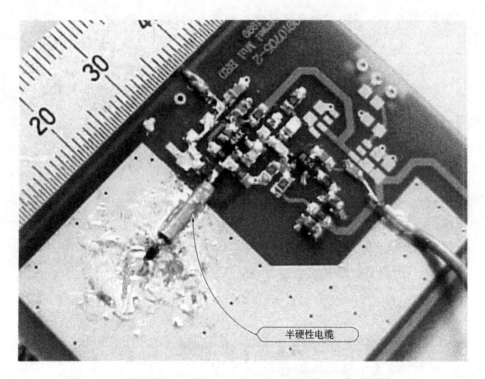

照片 8.5 使用半硬性电缆的 λ/4 阻抗反转电路制作 2GHz 频带的 VCO

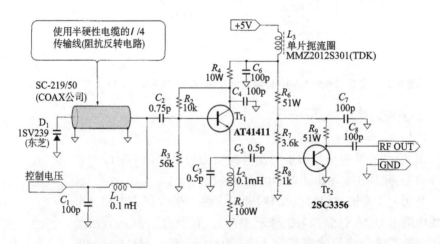

图 8.22 使用 λ/4 阻抗反转电路的 2GHz 频带的 VCO

（2）特性的评价

图 8.23 是制作的 VCO 的频率可变特性与输出电平实测值。
照片 8.6 是 2.3GHz 输出时的频谱。

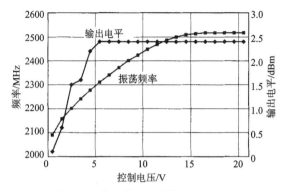

图 8.23 用 λ/4 阻抗反转电路制作的 VCO(图 8.22)的
振荡频率与输出电平

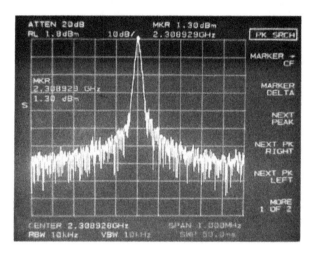

照片 8.6 使用 λ/4 阻抗反转电路 VCO(图 8.22)的
输出信号频谱(2.3GHz 输出时)

100kHz 偏移时相位噪声为 96dBc/Hz。由于在半硬性电缆线
中心导体上直接连接变容二极管,因此,寄生电容变小。这样,即
使控制电压在 10V 以上,振荡频率也能近似线性变化。

变容二极管使用东芝 1SV239。这是超突变型,容量变化比
C_{t2}/C_{t10} 为 2.7 的元件。这里,C_{t2} 是加 2V 电压时的电容量,C_{t10} 是
加 10V 电压时的电容量。

3. 厂家制作的 VCO

照片 8.7 所示的是 800MHz 频带的 VCO 印制基板。

在低损耗陶瓷基板上,使用微带线构成 λ/4 阻抗反转电路。

为了减少微带线的损耗,印制图案的宽度变宽。

照片 8.7　在低损耗陶瓷基板上,谐振电路利用 λ/4 阻抗反转电路的 800MHz 频带的 VCO

8.4.4　用介质谐振器制作的 VCO

照片 8.8　介质耦合器外观

1. 电路的说明

如照片 8.8 所示,若使用介电常数为 100 的低损耗陶瓷元件(介质谐振器)作为传输线,就能制作频率为 2.4 GHz 而长度为 4mm 左右的小型谐振器。

由于 Q 值高,温度稳定性好,因此经常用于移动电话中。

2. 厂家制作的 VCO

照片 8.9 示出移动电话中使用的 800MHz 频带 VCO 的印制基板。

这是利用将高介电常数的终端部分作为短路的谐振电路。高介电常数的陶瓷谐振器经常用于小型,高 Q 值(数百以上),低相位噪声的 VCO 中。

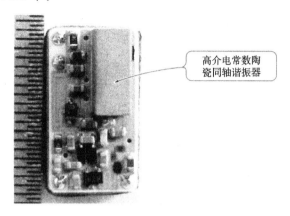

照片 **8.9** 利用高介电常数陶瓷同轴谐振器的 800MHz 便携式
无线机用 VCO MQC513[（株）村田制作所]

8.5 用 SAW 器件制作的 VCO

1. 高 Q 值的谐振器件——SAW 器件

所谓 SAW(Surface Acoustic Wave)器件是指利用压电材料，
将高频信号转换为表面弹性波，再用压电材料反转为高频信号的
器件。

（1）能制作低相位噪声振荡器

由于在转换过程中能选出特定频率，因此，能构成选择性优良
的滤波器与 Q 值高的谐振器件。选择的频率与表面弹性波的传播
速度成正比。

使用 SAW 器件的振荡器对于温度与蠕变其稳定性高，由于
能达到最高 Q 值，因此可制作低相位噪声振荡器。

（2）SAW 器件的现状

材料使用水晶或钽酸锂等压电单晶体，传播速度为 3000～
5000m/s，可实用化到 2GHz 频带。

称为金刚石 SAW 器件的压电薄膜(ZnO 等)叠层的器件，可
以得到超过 10000m/s 的传播速度，因此能高频化。

最近，SAW 器件的技术进步惊人，频率用到 3GHz 以上的器
件也容易得到。

2. 锐选择性的"SAW 谐振器"

利用 SAW 器件的谐振器称为 SAW 谐振器。它与晶体振荡器相同,适用于频率固定的振荡器,若采取相应措施,则最大可变化振荡频率到 10 000ppm 左右。

表 8.2 示出 2~3.5GHz 频带能使用的 SAW 谐振器实例,照片 8.10 示出其外观,图 8.24 示出其等效电路。

表 8.2 能在 2~3.5GHz 频带使用 SAW 谐振器的实例[住友电气工业(株)]

(a)通用品

型 号	频率/GHz	接入损耗/dB	Q 值	I/O 型	封装尺寸/mm
RES2150 - SA	2.150	6~12	250~1500	单	3.8×3.8
RES2150 - DA	2.150	6~12	250~1500	双	3.8×3.8
RES2488 - SA	2.48832	6~12	250~1500	单	3.8×3.8
RES2488 - DA	2.48832	6~12	250~1500	双	3.8×3.8
RES2578 - SA	2.57813	6~12	250~1500	单	3.8×3.8
RES2578 - DA	2.57813	6~12	250~1500	双	3.8×3.8
RES2666 - SA	2.66606	7~14	250~1250	单	3.8×3.8
RES2666 - DA	2.66606	7~14	250~1250	双	3.8×3.8
RES3061 - SA	3.06125	8~16	250~1000	单	3.8×3.8
RES3061 - DA	3.06125	8~16	250~1000	双	3.8×3.8
RES3125 - SA	3.1250	8~16	250~1000	单	3.8×3.8
RES3125 - DA	3.1250	8~16	250~1000	双	3.8×3.8

(b)定制品

频率/GHz	接入损耗/dB	Q 值	I/O 型	应用实例
2.0~2.5	6~12	250~1500	单、双	SONET、WCDMA、ISM
2.5~3.0	7~14	250~1250	单、双	MDS、MMDS、LMDS
3.0~3.5	8~16	250~1000	单、双	WLL、LMDS

注:SONET:Synchronous Optical Network, MDS: Multipoint Distribution System,MMDS: Multichannel Multipoint Distribution Service, ISM: Industrial Scientific Medical band,WCDMA:Wideband Code Division Multiple Access

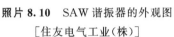

照片 **8.10** SAW 谐振器的外观图
[住友电气工业(株)]

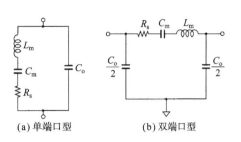

图 **8.24** SAW 谐振器的等效电路

SAW 谐振器有单端口与双端口两种型式,单端口型能与晶振一样使用。

图 8.25 示出金刚石 SAW 器件的接入损耗特性实例,表 8.3 示出主要电气特性。接入损耗特性相当大,但能得到锐选择特性。

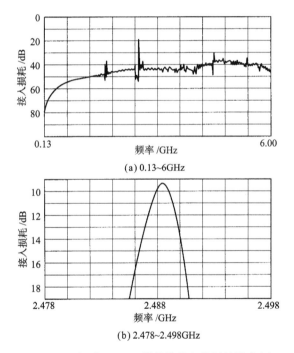

图 **8.25** 金刚石 SAW 器件的接入损耗特性实例

表 8.3 金刚石 SAW 器件的电气特性实例

频率	2488.32MHz±400kHz
接入损耗	9.3dB
Q 值	900
温度稳定性(−40～+85℃)	100ppm
封装体积	25mm³

3. 用 SAW 谐振器制作的 VCO——VCSO

利用 SAW 谐振器构成的振荡器称为 VCSO(Voltage Controlled SAW Oscillator)。

为了利用 SAW 器件使振荡电路的频率可变,必须调整反馈环路的相位。

图 8.26 示出使用 MMIC 放大器与双端口 SAW 器件的振荡器电路实例。用传输线长度改变相位,使振荡频率可变。

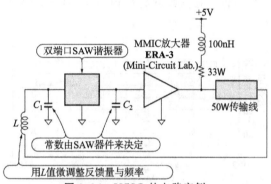

图 8.26 VCSO 的电路实例

这样,可用非常简单电路构成 GHz 频带的振荡电路。C_1 和 C_2 要配合 SAW 器件的等效常数进行设定。用 L 值调整反馈量,从而改变频率。

将来,若能开发出像 SAW 器件那样,Q 值高能用于 GHz 频带的谐振器件,就能简单设计出低相位噪声特性的振荡器。

<hr>

专 栏

克拉普振荡电路的仿真

选择用于 VCO 的变容二极管时,若通过仿真分析,就能探讨对于该变容二极管的电容变化量是否能得到频率的可变范围。

图 8.A 示出克拉普振荡电路的仿真电路。这样,用仿真软件分析振荡电路时,将部分反馈电路断开变为开环状态。图中,λ/4 传输线作为的电感与地

分开。

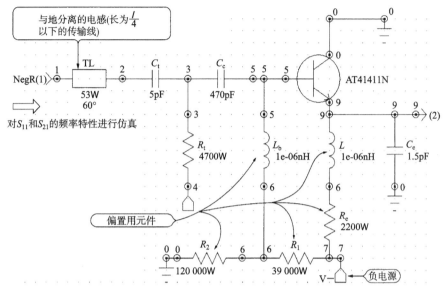

图 8. A 克拉普振荡电路的仿真电路

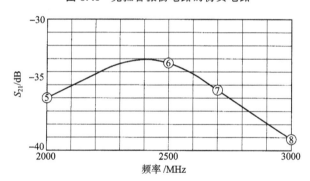

(a) S_{21} 的频率特性

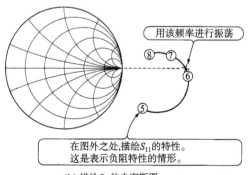

(b) 描绘 S_{11} 的史密斯图
图 8. B S_{21} 的仿真结果

振荡条件是 S_{11} 在设计的频率范围内为负阻特性。振荡频率能用 S_{21} 进行判断。

图 8.B 示出仿真结果。

实际上,分析振荡频率时,由于元件引线电感与 1pF 以下小的寄生电容对此也有很大影响,因此,必须考虑电路图中未表示的电抗成分。

振荡电路在加电源开始振荡前,可作为小信号线性电路进行处理。若振幅增大,达到饱和电平,则必须进行非线性分析。

饱和区的 S 参数必须用此条件进行测试,其操作很麻烦。然而,由经验得知,即使照原样使用小信号电路,也不会产生较大误差。

第 9 章
PLL 的设计与制作
——得到稳定振荡信号的控制技术

9.1 PLL 为稳定度高的振荡器

1. 利用负反馈技术的稳定度高的振荡电路

使用第 8 章所介绍的 LC 谐振电路与传输线构成的单个振荡器对于温度变化及蠕变,振荡频率容易变动而不稳定。为了使振荡频率稳定,必须将振荡输出反馈至输入,与稳定的基准信号比较,进行控制。

图 9.1 是 PLL(Phase Locked Loop)基本框图。

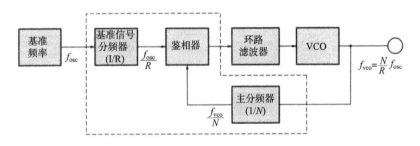

图 9.1 PLL 的基本框图

PLL 是由电压控制振荡频率的 VCO 与晶体振荡器,频率稳定的基准信号与输出信号进行比较的鉴相器 PD(Phase Detector),将鉴相器的脉冲信号输出进行平滑的环路滤波器,分频器、基准信号振荡器等构成。

2. 构成 PLL 的电路要件

PLL 是将基准信号的频率(相位)与 VCO 的输出进行比较,其差信号为零那样工作,将 PLL 的输出,即 VCO 的输出频率稳定使其达到与基准信号同等程度的精度。

　　图 9.1 所示的基准信号源经常使用晶体振荡器。进一步要求稳定度时,可使用温度补偿型晶体振荡器(TCXO)。

　　VCO 的振荡输出信号经计数器分频,输入到鉴相器。鉴相器中也同时输入基准信号,鉴相器输出与这两种信号相位移成正比的误差信号。

　　环路滤波器将鉴相器输出的脉冲误差信号转换为直流信号,并送至 VCO 的输入端。如后述那样的环路滤波器常数对基准信号,泄漏所形成的寄生成分、相位噪声特性以及时钟收敛特性等都有很大影响,因此,必须根据其用途,需要进行最佳常数设计。

　　3. 在 GHz 频带使用的 PLL IC

　　在 GHz 频带使用的 PLL IC,根据其用途不同有多种。表 9.1 示出的是选出的通用型 IC,不包括两种 PLL 变为一个特定用途的那种 IC。

　　在国际半导体公司与 Peregrine 公司网页上,可免费提供能简单设计配合这些 PLL IC 所期望环路滤波器的软件工具。

　　由于 PLL IC 经常用于移动电话的领域是产品变化急剧的领域,因此,所列举的 IC 也可能在不久将来变为废品。当然,也会同时推出新的 PLL IC。

表 9.1　用在 GHz 的 PLL IC

型　号	厂　名	最高工作频率/GHz	设定方法	最高相位比较频率/MHz	鉴相器的型式	备　注
ADF4112	Analog Devices	3	S	55	CP	
ADF4113		4	S	55	CP	
LMX2325	国际半导体	2.8	S	10	CP	
LMX2326		2.8	S	10	CP	
PE3226	Peregrine	2.2	S,P	20	PD	
PE3239		2.2	S	20	PD	
PE3240		2.2	S	20	PD	
PE3335		3	S,P	20	CP	
PE3339		3	S	20	CP	
PE3340		3	S	20	PD	
PE3341		2.7	S、EEP	20	CP	
PE3342		2.7	S、EEP	20	PD	

型　号	厂　名	最高工作 频率/GHz	设定方法	最高相位比较 频率/MHz	鉴相器的型式	备　注
SP5659	Zarlink Semi- conductor（旧 GEC Plessey）	27	S	2	CP	
MB1515	富士通	2.5	S	—	CP	
MB15E06		2.5	S	8	PD、CP	
MB15E07		2.5	S	8	PD、CP	
MB1508		2.5	S	—	CP	
SA8016	飞利浦	2.5	S	4	CP	分式的 N
SA8027		2.5	S	4	CP	分式的 N

注:S:串联;P:并联;EEP:EEPROM;FD:鉴相器 $\phi V/\phi R$ 输出;CP:充电泵输出。

9.2　PLL 核心部分环路滤波器的设计

9.2.1　开环传输特性

试考察一下构成图 9.1 所示 PLL 环路各要件的频率特性。

(1) VCO 的传递函数

输出信号的频率与 VCO 的输入控制电压成线性比例时，VCO 的传递函数 G_{VCO} 可用下式表示:

$$G_{VCO} = \frac{K_V}{s} \tag{9.1}$$

式中，$K_V(Hz/V)$ 为 VCO 的灵敏度，表示每 1V 频率的变化。s 为频率变量，用 $s=j\omega$ 表示。表示为 $1/s$ 的理由是将频率变化转换为相位变化量的缘故。

(2) 鉴相器的增益

鉴相器(PFD)的灵敏度一般用 $K_\phi(V/rad)$ 表示，由鉴相器的种类与电源电压决定。

(3) 环路滤波器的传递函数

环路滤波器的传递函数一般用 $F(s)$ 表示。

由以上可知，在环路分频器的输出断开时，其基准输入相位 $\theta_{in}(s)$ 与分频器的输出相位 $\theta_{out}(s)$ 之间关系如下所示:

$$G(s) = \frac{\theta_{\text{out}}(s)}{\theta_{\text{in}}(s)}\bigg|_{\text{open}} = K_\phi F(s) \frac{K_v}{S} \frac{1}{N} = \frac{K_\phi F(s) K_v}{sN} \quad (9.2)$$

式中的 N 为分频器的分频比。

9.2.2 环路滤波器的增加与振荡稳定度

1. 无环路滤波器时 PLL 的稳定度

在式(9.2)中,无环路滤波器时,也就是说,$F(s)=1$ 时伯德图变为如图 9.2 所示形式。若频率变高,增益便线性减少,相位一定变为 $-90°$。

PLL 负反馈那样电路时,开环增益为 $1(0\text{dB})$ 时,其相位与 $-180°$差(相位裕量)以判断是否振荡,即稳定度的大致目标。其差值为 $0°$,若增益在 1 以上,就会振荡。

由图 9.2 可知,无环路滤波器时相位裕量为 $90°$,不用担心振荡的问题。

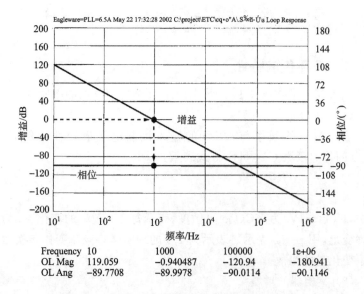

Eagleware=PLL=6.5A May 22 17:32:28 2002 C:\project\ETC\cq•o"A\.S‰ñ-Ú's Loop Response

Frequency	10	1000	100000	1e+06
OL Mag	119.059	−0.940487	−120.94	−180.941
OL Ang	−89.7708	−89.9978	−90.0114	−90.1146

图 9.2 无环路滤波器时开环增益与相位频率的特性

2. 为了抑制基准频率的泄漏,环路滤波器不可欠缺

若由鉴相器输出的脉冲信号对 VCO 进行调制,则会产生较大基准信号的泄漏,因此,原样不能使用。环路滤波器的工作是减少该基准噪声的泄漏,它是 PLL 中不可欠缺的电路。

然而,若接入环路滤波器,则相位裕量就会变小。若能适当设定常数,则 PLL 就会简单振荡。

图 9.3 示出使用运算放大器的有源环路滤波器的伯德图。有三个极点,环路频带为 1kHz。

增益为 0dB 的频率时相位差 180°,也就是说,相位裕量约为 50°。相位为 180°时的增益称为增益裕量,图 9.3 中为 36dB。

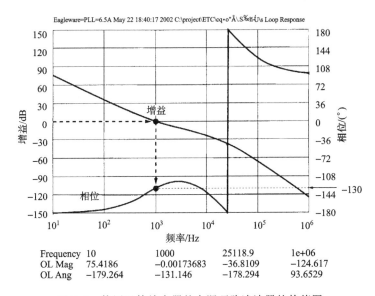

图 9.3 使用运算放大器的有源环路滤波器的伯德图

9.2.3 环路滤波器的常数设计

1. 闭路时 PLL 的传递函数

• 环路特性由 ω_n 和 ζ 决定

若 PLL 开环的传递函数为 $G(s)$,则其闭环的传递函数 $H(s)$ 可用下式表示:

$$H(s)=\frac{\theta_{\text{out}(s)}}{\theta_{\text{in}(s)}}\bigg|_{\text{closed}}=\frac{G(s)}{1+G(s)} \tag{9.3}$$

若将环路滤波器的传递函数 $F(s)$ 代入该式中,则求出闭环传递函数。

若使用图 9.4 所示的环路滤波器,则闭环传递函数式(9.3)变为下式。

$$\frac{\theta_{\text{out}}(s)}{\theta_{\text{in}}(s)}=\frac{N(1+t_1 s)}{\dfrac{s^2}{\omega_n{}^2}+\dfrac{2\zeta s}{\omega_n}+1} \tag{9.4}$$

$$\omega_n = \sqrt{\frac{K_\phi K_v}{Nt_2}} \tag{9.5}$$

$$\zeta = \frac{t_1}{2}\sqrt{\frac{K_\phi K_v}{Nt_2}} \tag{9.6}$$

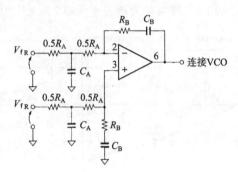

图 9.4 典型的有源滤波器电路

式中，$t_1 = C_B R_B$；$t_2 = C_B R_A$；$N =$ 分频比。

由该式可知，PLL 的环路特性由 ω_n 和 ζ 两个参数决定。ω_n 是称为环路固有频率的参数，ζ 是称为衰减系数的参数。

2. 设定 ω_n 和 ζ 求出环路滤波器的常数

若将式(9.4)改写，就可得到求出环路滤波器常数的表达式如下：

$$R_A = \frac{K_\phi K_v}{N\omega_n^2 C_B} \tag{9.7}$$

$$R_B = \frac{2\zeta}{\omega_n C_B} \tag{9.8}$$

由式(9.4)可知，PLL 环路特性由 ω_n 和 ζ 两个参数决定。由于环路滤波器的常数就是设定实现所期望环路特性的 ω_n 和 ζ，因此，使用式(9.7)和式(9.8)可求出。

C_A 与环路特性无关，接入的目的是用于衰减相位比较的基准信号成分。其电容值可用下式求出：

$$C_A = \frac{0.5}{\omega_C R_A} \tag{9.9}$$

环路滤波器的前级接入由 $0.5R_A$ 与 C_A 构成的 LPF，由此，增加频率为 ω_C 的一个极点。若 ω_C 接近 ω_n，则环路相位裕量就会减小，ω_C 一般低于基准信号频率 ω_{ref}，设定为 ω_n 的 5 倍以上。

ω_n/ω_{ref} 越大信号基准信号泄漏越少。

式(9.7)～式(9.9)随所使用环路滤波器的电路方式不同而

异。详细情况请参考书末文献与 PLL IC 或鉴相器等数据表中的
计算公式。

9.2.4　ω_n、ξ 与环路特性的关系

ω_n、ξ 与 PLL 特性有何种关系呢？表 9.2 归纳了 ω_n、ξ 与 PLL
特性的关系。

表 9.2　固有频率与衰减系数对环路特性的影响

参　　数	环路频带 ω_n	衰减系数（相位裕量）ξ
频率切换速度	ω_n 越大切换速度越高	若过小,到收敛要花费时间
环路的稳定性	不太影响。但是,若太低不能跟踪 VCO 的漂移,则会变成不稳定	若小,就有可能振荡
基准频率泄漏	若减小 ω_n,则基准信号泄漏少	不太影响
相位噪声特性	在环路频带内,若增大 ω_n,则相位噪声变小	若 ξ 过小,则频带边缘附近发生劣化

　1. ω_n 与环路特性

　ω_n 与环路频带有关。若环路频带宽,则能控制响应速度,频
率切换时间变短。环路带宽 ω_{3dB}（降低 3dB 的频率）和固有频率 ω_n
如表 9.3 所示,多少会受衰减系数 ξ 的影响。

表 9.3　衰减系数与环路频带之间关系

衰减系数 ξ	环路频带 ω_{3dB}
0.3	$1.65\omega_n$
0.4	$1.73\omega_n$
0.5	$1.82\omega_n$
0.6	$1.93\omega_n$
0.7	$2.05\omega_n$
0.8	$2.18\omega_n$

　2. ξ 与环路特性

　衰减系数 ξ 与相位裕量有关。图 9.5 示出相位裕量与 ξ 之间
关系。

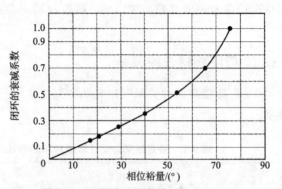

图 9.5 相位裕量与衰减系数之间关系

9.2.5 环路滤波器的两种电路方式

环路滤波器经常使用下列两种电路方式。

（1）与充电泵电路组合使用的无源滤波器

几乎在所有场合，充电泵型鉴相器中都使用无源滤波器。所谓充电泵电路如图 9.6 所示，它是与鉴相器输出的逻辑电平的相位差成正比的脉冲信号，通/断位于电源和地间的恒流源电路。这种电路一般内置于 IC 内部。

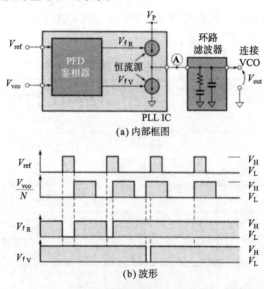

(a) 内部框图

(b) 波形

图 9.6 鉴相器的工作原理

（2）使用运算放大器的有源环路滤波器

图 9.4 示出的环路滤波器是典型的有源滤波器。

接入具有 PU 与 PD 两个相位比较输出的鉴相器中的环路滤波器,需要接受差动输入方式。因此,当然使用运算放大器。

1. 无源滤波器

(1) 充电泵电路的工作与特征

锁定时基准能量小,即使降低基准频率,基准频率泄漏也少,因此比较频率低时,经常使用这种类型的鉴相器。

(2) 环路滤波器的工作原理

恒流源的输出对仅由 CR 无源元件构成的环路滤波器进行充放电。$v_{\phi R}$ 为低电平时,环路滤波器充电,输出电压 v_{out} 上升。相反,$v_{\phi V}$ 为低电平时,环路滤波器放电,输出电压 v_{out} 下降。

锁定状态时 $v_{\phi R}$ 和 $v_{\phi V}$ 的输出脉宽变为极窄,变为两者皆无输出状态。此时,由于恒流电路不工作,因此充电泵输出(A 点)与环路滤波器为分离状态,也就是说为高阻抗状态。这期间环路滤波器中保持充电电压。

(3) 环路滤波器的特征

由于环路滤波器仅用无源元件构成,因此,产生噪声小的优点。由于无放大作用,因此,输出电压不能超过 PLL IC 电源电压。VCO 必须使用控制电压在 5V 以下工作的电路。

2. 有源环路滤波器

(1) 工作原理

请参看图 9.4。运算放大器接收鉴相器的输出 $v_{\phi R}$ 和 $v_{\phi V}$,将其脉冲信号输出进行平滑。环路特性由 R_A、R_B、C_B 决定。

由图 9.4 所示的 R_A 和 C_A 构成的前置滤波器是除去运算放大器不能作为有源滤波器工作的高频成分,衰减基准信号成分的泄漏(基准信号泄漏)。

(2) 特 征

由于使用称为运算放大器的放大元件,因此能简单提高增益。输出振幅能接近到运算放大器的电源电压,因此,非常适用于需要高控制电压的宽带 VCO 的场合。

若不使用前置放大器,而用环路滤波器直接平滑逻辑电平输出信号,就会产生比充电泵大的基准信号泄漏。这多用于基准信号频率比较高的场合。

9.2.6 环路滤波器设计时三个要点

环路滤波器设计时的三个要点为:

① 尽量衰减不要的频率成分。

鉴相器输出为比较频率周期脉冲状的逻辑电平信号。

环路滤波器是将该逻辑电平进行平滑,期望得到无纹波的控制电压,但多少产生纹波。

若由极少纹波对 VCO 进行 FM 调制,则如照片 9.1 所示,两边带(寄生)输出。此输出称为基准信号泄漏。

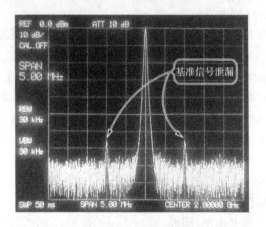

照片 9.1　产生基准信号泄漏 VCO 的输出频谱

基准信号泄漏 v_{leak}(dB)可用下式求出:

$$v_{\text{leak}} = -20 \lg\left(\frac{\Delta f}{2f_{\text{m}}}\right) \tag{9.10}$$

式中,f_{m} 为相位比较频率;Δf 为纹波造成的频率变化。

例如,$f_{\text{m}}=1\text{MHz}$,$v_{\text{leak}}=-80\text{dB}$ 时 Δf 为 200Hz。VCO 的灵敏度为 100MHz/V 时,若不将纹波衰减到 $1\mu\text{V}_{\text{p-p}}$ 的小电平,则不能得到 -80dB 基准信号泄漏。

② 尽量减小泄漏电流。

充电泵电路的无源环路滤波器的电容中储存的电荷,由于该电容本身及充电泵的开关、印制基板的绝缘阻抗的作用,而稍有泄漏。

假如,充电泵的开关为理想动作,而且,环路滤波器的泄漏电流为零,在频率锁定期间,充电泵完全截止,用相位比较频率成分不能调制 VCO。

然而,若泄漏电流大,在高阻抗期间,电容中能保持的电压下降,VCO 的输出频率降低。鉴相器检测出该下降部分,输出作为误差信号的脉冲状信号,VCO 的输出频率升高,这样,对 VCO 进行调制,基准信号泄漏增加。

因此,选择元件,设计印制基板时,必须使泄漏电流变小。

③ 使用低噪声运算放大器。

对于有源滤波器,由于附加有运算放大器的噪声,因此相位噪声特性差。尽量选择低噪声特性的运算放大器。

如充电泵电路那样,不能变为高阻抗,因此,不必担心泄漏电流而造成基准信号泄漏的增加。

专 栏

何谓环路频带

所谓环路频带是指在自动控制中,增益降低 3dB 的频率(截止频率)。

闭环状态的频率特性与在开环时测试的特性有很大不同。也就是说,频率低时,表示为平坦特性。但在接近截止频率时,因含有反馈电路的相位特性而发生变化。

图 9.A 是作为 PLL 固有参数的固有频率 ω_n 和衰减系数 ξ 不同情况下的闭环频率特性。

ξ 小而无相位裕量时,在截止区域会产生较大的峰值。若 ξ 接近 0,可以理解为环路稳定性会遭到破坏,有可能产生振荡。

若出现峰值,则该部分的相位噪声也就变坏。但是,环路带宽较大的 PLL 由于响应到高频,因此,可以高速切换频率。

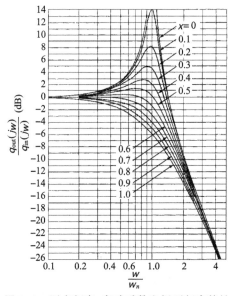

图 9.A　固有频率、衰减系数和闭环频率特性

9.3 用 LMX2326TM 制作 2.1～2.3GHz 的 PLL

图 9.7 示出国际半导体公司 PLL IC LMX2326TM（照片 9.2）与图 8.22 所示 VCO 组合的 2GHz 频带 PLL。照片 9.3 是实装该电路的基板，修改德斯工艺规程公司 PLL 组件 DPLO - 2GHz 进行制作。

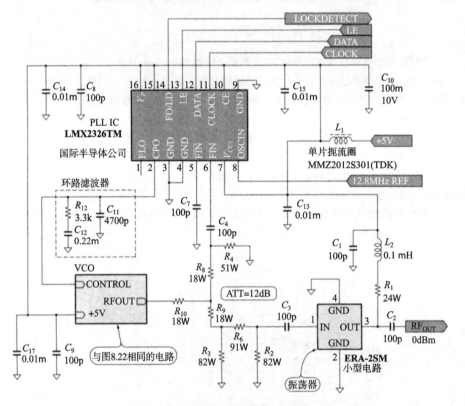

图 9.7 使用 LMX2326TM 的 2.8GHzPLL

照片 9.2 最高工作频率为 2.8GHz 的 PLL IC LMX2326TM

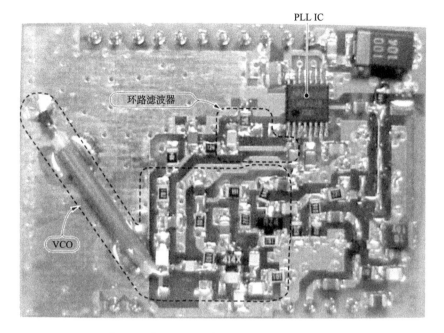

照片 **9.3** 修改 PLL 组件 DPLO-2GHz 的实验基板

9.3.1 PLL IC LMX2326TM 内部等效电路

图 9.8 示出 LMX2326TM 内部框图。内有鉴相器与分频器，能工作到 2.8GHz，鉴相器为充电泵型。

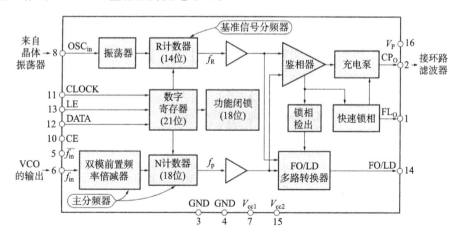

图 **9.8** PLL IC LMX2326TM 的内部框图

1. 分频器

LMX2326TM 内有将基准信号进行分频的 R 计数器,以及将来自 VCO 的信号进行分频的双模计数器,即 N 计数器。

(1) 主分频器为低功率、高速工作的脉冲吞没式计数器

来自 VCO 的输入信号经由具有 32 和 33 分频比的双模前置频率倍减器进行分频。后级为 18 位的 N 计数器,与前级的前置频率倍减器一起构成脉冲吞没式计数器,最大能分频到 1/262 643。

N 计数器是由 5 位脉冲吞没式计数器(A 计数器)与 13 位可编程计数器(B 计数器)构成,在 A 计数器计数到零时,对双模前置频率倍减器分频比(32 或 33)进行切换,包含前置频率倍减器的总分频比 N 可用下式求出:

$$N = PB + A \qquad (9.11)$$

式中,P 为前置频率倍减器的分频比(32);B 为 13 位计数器值(3~8191);A 为脉冲吞没式计数器值($0 \leqslant A \leqslant 7, A \leqslant B$)。

前置频率倍减器由于将 GHz 频带输入频率分频为数十 MHz 频率,因此能进行高速工作。其结果,N 计数器能处理数十 MHz 的信号,能用 CMOS 工艺构成。这样,脉冲吞没式计数器是低功率、高速工作,能实现大而且任意整数的分频比。

也有外接前置频率倍减器的完全是 CMOS 工艺的 PLL IC,但最近,多是内设前置频率倍减器。

(2) 基准信号的分频比

14 位 R 计数器是用基准信号分频器,在 1/3~1/16383 范围内能将基准信号进行分频。

2. 最好尽量提高相位比较频率 f_R

用基准信号分频器对基准信号频率(f_{osc})进行 1/R 分频,作为相位比较用信号(频率 f_R),输入到鉴相器中。

设主分频器的分频比为 N,则 VCO 的输出频率(f_{vco})可用下式求出:

$$f_{vco} = \frac{N}{f_{osc}} \qquad (9.12)$$

决定频率步进时,以期望的频率步进那样,使用下式求出分频比 R:

$$R = \frac{f_{osc}}{f_R} \qquad (9.13)$$

若提高 f_R 的话,则提高所有的性能,因此若用固定频率的 PLL,

则 f_R 尽量选择高的频率。LMX2326TM 的 f_R 最大值为 10MHz。

　　3. 环路滤波器的驱动电路

　　如图 9.9 所示,LMX2326TM 是用称为充电泵电路以恒流驱动环路滤波器。在外接环路滤波器中,流入或流出一定的电流。

　　电流脉冲宽度与相位差成正比。完全无相位差时,充电泵的输出成为高阻抗状态,保持电容中储存的电荷(电压)。

　　输出电流值,即鉴相器的增益可编程设定。

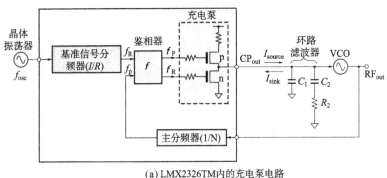

(a) LMX2326TM 内的充电泵电路

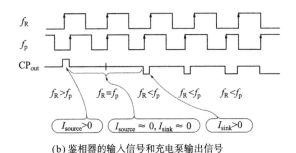

(b) 鉴相器的输入信号和充电泵输出信号

图 9.9 鉴相器中充电泵输出部分的动作原理

　　• 不增加稳定工作时的寄生成分,可缩短锁相时间

　　到 PLL 输出频率稳定的时间(锁相时间)由相位比较频率 f_R 决定。即使 f_R 固定,若扩展环路滤波器的带宽,就能使锁相高速化。然而,若频宽扩展过宽,则基准信号泄漏的寄生成分增大。

　　也就是说,f_R 固定时,基准信号泄漏与锁相速度为折衷关系。

　　LMX2326TM 只在频率变化时,具有增加充电泵的驱动电流,使环路滤波器的电容快速充放电的快速锁相功能。

　　快速充电中,不只是充电泵的输出电流增加,而且,基准信号分频器和主分频器的分频比暂时变小,f_R 升高,环路增益增加。

　　经一定时间快速充放电后,恢复为通常的工作状态。

9.3.2 环路滤波器能用厂家免费提供的软件工具 进行简单设计

1. EASY PLL 的概要

在国际半导体公司的主页(http://www.national.com/appin-fo/wireless/)上,可以进行环路滤波器的常数设计与工作分析,使用称为 EASY PLL 的方便软件。

若输入 PLL 频率关系的特性参数,则在线可以算出环路滤波器的最佳常数。可进一步通过仿真分析,用所得到的环路滤波器常数进行设计 PLL 的锁相时间、相位噪声特性、伯德图以及基准信号泄漏的寄生成分等。

2. 使用 EASY PLL 进行常数的计算以及相位噪声仿真的预测

图 9.10 所示的是 EASY PLL 的频率设定画面,图 9.11 所示的是环路滤波器常数的计算结果。

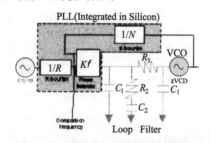

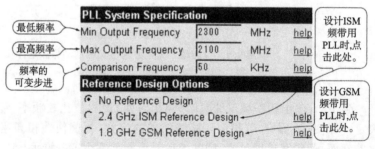

图 9.10 LMX2326TM 环路滤波器设计软件工具 EASY PLL 的频率设定画面

如前所述,在 VCO 中,使用图 8.22 所示的电路。提供给 VCO 的控制电压最大值为 5V,因此根据图 8.23 所示的控制电压-输出频率特性,则有输入

• 振荡频率范围:2100~2300MHz

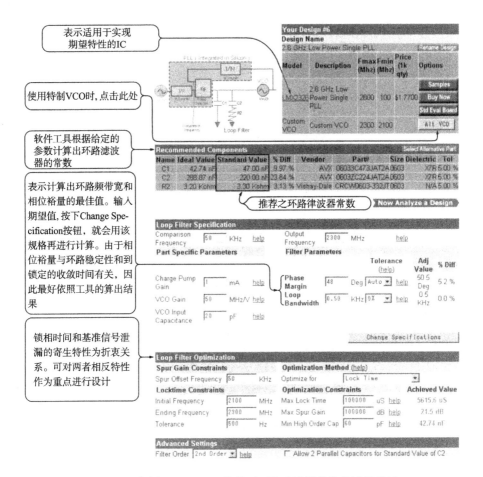

图 9.11　使用 EASY PLL 软件对环路滤波器常数的计算结果

- 频率步进 :50kHz

VCO 选择(Custom),设定 VCO 的灵敏度(MHz/V),这种灵敏度是根据振荡频率与 VCO 控制电压之间关系求出的。

图 9.12 示出使用 EASY PLL 软件对相位噪声进行仿真的结果。这样,对于偏移频率能简单预测 VCO、PLL IC、环路滤波器的噪声比例。

9.3.3　LMX2326TM 参数的设定

基准信号产生器使用 12.8MHz 的 TCXO。

由于相位比较频率为 50kHz,因此,N 计数器的可编程分频比设定为 256(=12.8MHz/50kHz)。

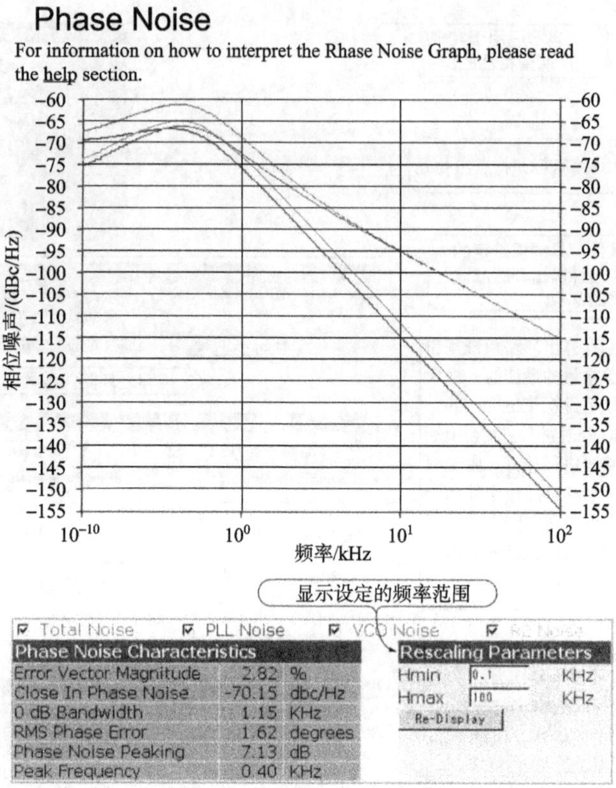
Phase Noise
For information on how to interpret the Rhase Noise Graph, please read the help section.
相位噪声/(dBc/Hz)
频率/kHz
显示设定的频率范围
Total Noise
PLL Noise
VCO Noise
Phase Noise Characteristics
Error Vector Magnitude 2.82 %
Close In Phase Noise -70.15 dbc/Hz
0 dB Bandwidth 1.15 KHz
RMS Phase Error 1.62 degrees
Phase Noise Peaking 7.13 dB
Peak Frequency 0.40 KHz
Rescaling Parameters
Hmin 0.1 KHz
Hmax 100 KHz
Re-Display

图 9.12 使用 EASY PLL 软件对相位噪声仿真分析

如前所述，可编程分频比由 A 计数器与 B 计数器构成。输出频率为 2300MHz 时，根据式(9.11)，能得到 $A=16$，$B=1437$，设定其值。在电源接通时传送初始化数据，进行 PLL 工作模式与其他功能的选择。

由于锁相高速性无问题，因此不使用 LMX2326TM 的快速锁相功能。LMX2326TM 计数器的分频比数据与初始化数据使用单片机，以三线式同步串行数据方式进行传送。

9.3.4 相位噪声与基准信号泄漏的实测

图 9.13 示出所制作的 PLL 输出频谱。

对于 10kHz 偏移，实测相位噪声能得到 94dBc/Hz 的性能，其值与仿真结果(－95dBc/Hz)大致相同。

基准信号泄漏的计算值为－83dBc，但实际上，它隐藏在噪声空白中，不能测试。所谓基准信号泄漏仅是在相位输出频率偏离

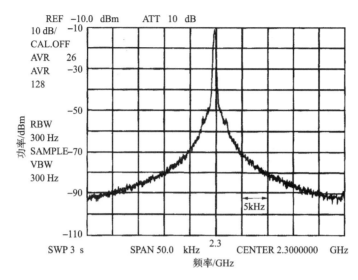

图 9.13 所制作的 PLL 频谱

输出频率处产生的寄生成分,若缩小环路滤波器的带宽,就能减少基准信号泄漏,但锁相时间变长。

9.3.5 改善特性与防止误动作的技术

1. 扩大 VCO 的控制电压范围进行宽带化

对于 LMX2326TM 内置的充电泵电路,不能将 VCO 控制电压提高到电源电压以上(5V)。尤其是使用宽带 VCO 的 PLL 时,有必要用某种方法放大控制电压。

(1)增设同相放大器

图 9.14(a)是在环路滤波器的后级,增设由运算放大器构成的同相放大器,放大 VCO 控制电压的方法。运算放大器的输入电压范围比电源电压范围窄几 V 左右,请注意这一点。

(2)构成有源滤波器

图 9.14(b)是使用运算放大器构成有源环路滤波器的方法,可将输出电压提高到接近电源电压,因增设放大器而造成相位噪声的增加也比图 9.14(a)少。

(3)外接使用分立元件构成的充电泵电路

图 9.14(c)所示是在 PLL IC 的外部,使用分立元件构成充电泵电路的方法,该充电泵电路的输出振幅接近电源电压 V_{CC}。

R_1 和 V_B 的值由 PLL 的 ϕR 和 ϕV 决定,以使源电流和吸收

电流相同。NPN 和 PNP 晶体管使用互补型,尽可能高速的器件。这种方法虽器件数多而且复杂,但由于晶体管为开关动作,因此与使用运算放大器的相比较,相位噪声的增加变得非常少。若 ϕR 和 ϕV 的切换时间得不到平衡,则基准信号泄漏就会增加。

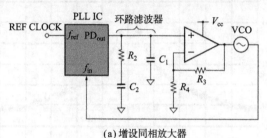

(a) 增设同相放大器

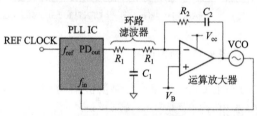

(b) 使用有源滤波器

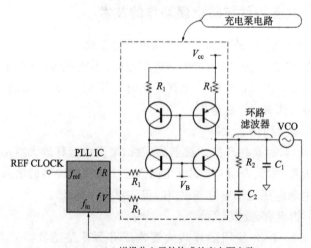

(c) 增设分立元件构成的充电泵电路

图 9.14 将 VCO 控制电压放大的方法

*

以上,介绍了三种方法,若牺牲一些相位噪声的增加,使用运算放大器的有源滤波器型,其基准信号泄漏变得最小。但若重视相位噪声,则外接充电泵型较佳。

2. 防止 PLL IC 的前置频率倍减器错误计数

由于 VCO 在饱和状态下工作,其输出信号是含有多种高次谐波成分。若 PLL IC 内前置频率倍减器对这些高次谐波的频率进行响应,就会误动作,有可能错误计数。

为了确认计数错误的发生,利用 LMX2326TM 的测试用端子 Fo/LD 端子。根据 LMX2326TM 内置寄存等功能和初始锁相的设定,将该端子设定为 VCO 的分频输出,从而确认计数器是否正确动作。

为了防止错误计数,要注意下列事项:

① 选择前置频率倍减器的最高工作频率为输出频率 2 倍以下的 PLL IC。

② 在 VCO 输出接入低通滤波器,从而减小高次谐波成分。

功能和初始锁定由 IC 端子功能进行定义,设定于高速锁相模式的寄存器中。通常,在开始动作前必须完成设定。

3. 不陷入失锁状态

(1) 确认失锁状态的方法

设定的数据因某种原因而丢失,在串行数据受到高频或噪声的影响,不能正确通信时,PLL 的输出频率就会陷入不稳定的失锁状态。

是否失锁状态的判定信号根据功能和初始锁定的设定,可在 Fo/LD 端子输出。

(2) 在 PLL IC 中再装载设定的数据

检测到失锁,再装载 PLL 的设定数据。但是,由于失锁是在频率切换时与在 VCO 加振荡的瞬间产生,因此用一定时间(几十～100ms 以上)观测 Fo/LD 端子的状态,确认为继续失锁状态后,再装载数据。

(3) 不可无限制扩大 VCO 的控制电压

使用电源电压为 5V 的 PLL IC 时,即使 VCO 的控制电压很大,也只能在 0.5～4.5V 的电压范围。

另外,控制电压超过该范围时,必须确认其工作状态。PLL 开始振荡,限于正常工作,控制电压不能到电源电压的极限,但因某种原因,若 VCO 的控制电压达到接近电源电压,VCO 的振荡电平会降低。尤其是,这种频率时灵敏度降低的 PLL IC,会引起内部计数器动作不良,陷入失锁状态,即使再装载设定数据,也不能脱离这种状态。

4. VCO 与环路滤波器的电源进行可靠的去耦作用

直流电源与控制电源的去耦作用对于任何电路都很重要。对于 PLL,VCO 与环路滤波器的电源特别重要。

在 VCO 电源中,并联其电容量不同的陶瓷电容(100pF、0.01μF、10μF)等,可足够降低从低频到高频的电源阻抗。

若将图 9.15 所示的有源电源滤波器接入电源线中,则可有效地滤除几十 kHz 以下的信号成分。特别是对于低相位噪声的 PLL,若在稳压器与 VCO 之间接入有源电源滤波器,电路就能可靠地工作。VCO 电源经常使用电压稳压器,其原因是:与负载电流成正比,噪声电压有增大的趋势。

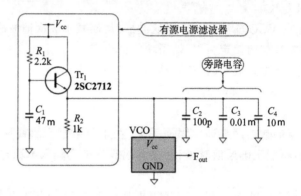

图 9.15　接入有源电源滤波器使 VCO 电源稳定化

5. 为了减少寄生成分

所谓寄生成分意指所期望频率以外的信号成分。作为所制作 PLL 的寄生成分对策,可考虑有以下几点。

(1) 减小基板与元件的泄漏电流

若用环路滤波器不能足够衰减鉴相器的脉冲状输出信号,则 VCO 进行 FM 调制,观测在输出信号的频谱两侧,仅偏离相位比较频率的频率外的寄生成分。

PLL 的输出频率锁定期间,充电泵输出的阻抗变得非常高,印制基板和元件的漏电流不能忽略。为了补偿这种漏电流,充电泵的输出脉冲宽度变宽,基准信号泄漏增大。用于环路滤波器中电容的漏电流、印制基板的绝缘电阻等也会影响基准信号泄漏。

(2) 在反馈电路中接入缓冲放大器

PLL IC 内设前置频率倍减器的分频输出的一部分,有时会在 PLL 的输出端子泄漏出去。

　　要求低寄生特性时,VCO 输出电平即使足够大,如图 9.16 所示,最好在反馈电路中接入缓冲放大器。

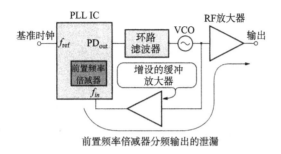

图 9.16 前置频率倍减器分频信号的泄漏对策

　　(3) 时钟电源与 VCO 输出的耦合最松

　　输出为 TTL/CMOS 电平的基准信号振荡器,由于其输出波形为矩形波,因此含有能量较大的高次谐波成分,其一部分有时从 PLL 的输出端泄漏出去。这时,要进行隔离,使 TCXO 和时钟输出线与 VCO 输出不耦合,或在印制基板布局上下功夫。当然,若使用正弦波的基准信号源,问题就会少。

　　(4) 减小与逻辑电路的时钟信号线的耦合程度

　　若将微控制器配置在 PLL 附近,在输出有时就会泄漏出时钟信号成分。

　　PLL 的基准信号源与时钟信号源互为异步工作,PLL 电路内的非线性电路将两者信号进行混合,产生新的寄生成分。特别是两者的频率差为几 kHz 以下时,由于这种混合,产生 PLL 环频带内的信号。用环路滤波器不能除去这种信号成分,非常麻烦。

　　用隔离防止逻辑系统噪声的进入,要注意时钟与基准信号频率之间的频率关系。

9.4 环路滤波器的常数与 PLL 基本性能

　　对于使用 9.3 小节 LMX2326TM 的 GHz 频带的 PLL 设计,使用厂家提供的软件工具,可简单得到环路滤波器的常数。然而,环路滤波器是 PLL 的核心部分,这种设计的好坏对 PLL 性能有很大的影响,重要的是要理解这种常数与环路特性的关系。

　　这里,以图 9.17 所示 PLL 电路为例,使用 Eagleware 公司

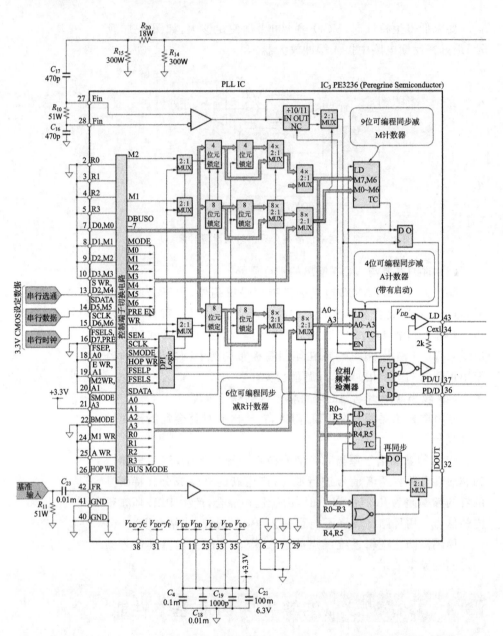

图 9.17 使用 PE3236 的

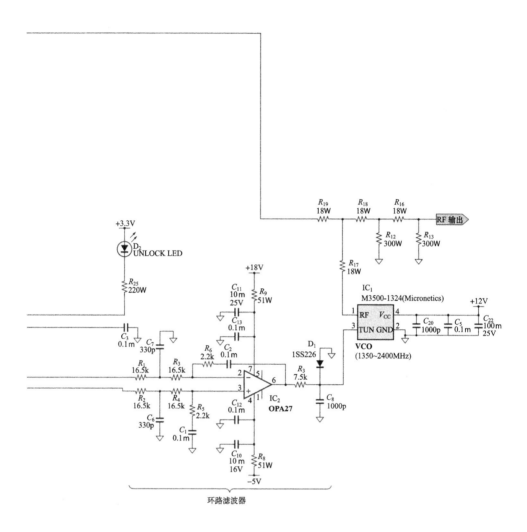

2GHz 频带 PLL

(http://www.eagleware.com/)的 Genesis PLL 设计工具,验证环路滤波器的常数与 PLL 基本性能之间关系等。

9.4.1 用 PLL 仿真软件——"Genesis PLL 设计工具"进行验证

这种软件工具可对多种环路滤波器进行分析与评价。

具体来说,改变环路频带与环路相位裕量(衰减系数),可用计算机分析环路稳定性与相位噪声特性、以及切换分频比时频率收敛特性。

使用方法简单,只输入必要的组件规格即可,若设定环路频率与相位裕量,就可求出环路滤波器的参数。

分析模式是在开环与闭环的增益、相位特性、对分频器进行切换时的频率切换时间、收敛特性、相位噪声等。

9.4.2 仿真时导出需要的参数

1. 鉴相器的灵敏度

• PLL IC 是最高工作频率为 2.2GHz 的 PE3236

PE3236 是 Peregring 公司的 PLL IC。它是 CMOS 器件,电源电压为 3.3V,最高工作频率为 2.2GHz。

鉴相器内置于 PLL IC 中。若基准频率设定为 1MHz,则 2GHz 输出时的分频比 N 为 2000。由数据表可知,鉴相器的灵敏度 K_ϕ 为 0.43V/rad,频率切换速度的目标值为 2ms。

2. VCO 的灵敏度

• VCO 是 1.35~2.4GHz 的 M3500 – 1324

M3500 – 1324 是 Micronetics 公司的 VCO IC,在 1.35~2.4GHz 范围内可改变振荡频率。

变化到接近这样倍频程的宽带 VCO,原理上,将 VCO 灵敏度设定为一定值较难,它有随频率变化的趋势。M3500 – 1324 通过控制电压使其在 40~130MHz/V 之间变化。使用后述的仿真软件,可对 2GHz 的 100MHz/V 灵敏度的 VCO 进行仿真。

使用这种 VCO 的宽带 PLL 环路滤波器,可由频率切换常数,有时要接入补偿电路使 VCO 控制电压与频率为线性关系。

VCO 的灵敏度 K_v 为 $2\pi \times 100 \times 10^6$ rad/V。

3. 环路滤波器的常数

环路滤波器使用图 9.4 所示的电路。

（1）设定 ω_n 和 ξ

首先，决定 PLL 的固有频率 ω_n 与衰减系数 ξ。

切换时间为 $t_S(s)$，环路带宽为 $f_B(Hz)$ 时，其计算 $t_S(s)$ 的经验公式如下：

$$t_S = \frac{4}{f_B} \qquad (9.14)$$

由该式可知，为了得到 2ms 的切换时间，3dB 环路带宽必须约为 2kHz。

衰减系数 ξ 考虑到收敛特性，一般值设定为 $\xi=0.7$。根据表 9.3，$\xi=0.7$ 时，ω_{3dB} 为 $2.05\omega_n$，故 $\omega_n=2\pi\times10^3(rad/V)$。

（2）求出 CR 的常数

电容的容量可任意设定，但由式（9.7）与式（9.8）求出的 R_A 和 R_B 阻值应在几百～几十 $k\Omega$ 范围内选择。假如，用 $C_B=0.1\mu F$ 的值进行计算，求出的结果超出此范围较大时，要改变电容量，再重新计算 C_B 的值。

由上述条件求出的环路滤波器的值如下：

$$R_A=33k\Omega, R_B=2.2k\Omega, C_B=0.1\mu F, C_A=330pF$$

9.4.3 频率收敛时间、相位噪声、相位裕量的分析结果

现将上述算出的值输入到仿真软件中，试确认一下其性能。

1. 频率收敛特性

图 9.18 所示的是对于 1950MHz 与 2000MHz 频率，以 10ms 周期改变 PLL 频率时其频率收敛特性。用仿真软件以 10ms 间隔改变 PLL 的分频比，输出频率在 1950MHz 与 2000MHz 交互切换时，表示频率（Y 轴右侧的刻度）与 VCO 控制电压（Y 轴左侧的刻度）的变化情况。

对于 0ms，从低侧右肩上升的是从电源接通时的初始状态开始频率的变化。电源接通时，由于环路滤波器的电容电压为 0V，因此，电路从 VCO 下限频率开始启动工作。

由图 9.18 可知，收敛于切换时间约为 2ms，响应速度为设计目标值，这样目的的频率。此时相位裕量为 65°（$\xi=0.7$）。

实际上，测试相位噪声特性与基准信号泄漏等，不能满足规格时，再修改与重新计算 CR，改变 ω_n 与 ξ 要满足全部规格非常麻烦，若理解参数和性能所受影响之间关系，在短时间就能得到所期望的性能。

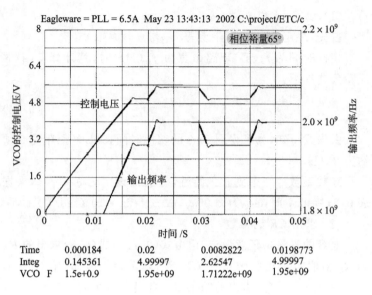

图 9.18 图 9.17 的 PLL 频率响应特性

2. 相位噪声特性与环路频带之间关系

环路频带变化时,试考察一下相位噪声特性如何变化。

图 9.19 示出用相位裕量为 $65°(\xi=0.7)$,环路频带在 2500Hz 与 500Hz 之间变化时相位噪声的仿真结果。图的下面,也示出了分析使用的基准信号与 VCO 噪声特性。

进行仿真时,要设定构成 PLL 各电路框的噪声数据。仿真软件输入基准信号的噪声,VCO 的相位噪声,运算放大器、鉴相器、分频器的噪声数据,从而计算出总的相位噪声。

由此结果可知,环路频带越宽,相位噪声越低。若基准信号频率低,则较难减小基准信号泄漏,环路频带也变窄,VCO 相位噪声变为主要噪声。

3. 相位裕量确保在 40°以上

图 9.20 示出环路频带设为一定(1kHz),相位裕量设为 65° $(\xi=0.7)$ 和 20° $(\xi=0.2)$ 时相位噪声特性仿真结果。

由该数据可知,相位噪声变差处与影响程度。图 9.21 示出相位裕量为 20°时频率收敛特性。环路频带与图 9.18(相位裕量 65°)相等,但相位裕量变少,就会产生振铃,到收敛的时间就会变长。若相位裕量进一步变少,就会产生振荡,因此,相位裕量一般至少确保在 40°以上。

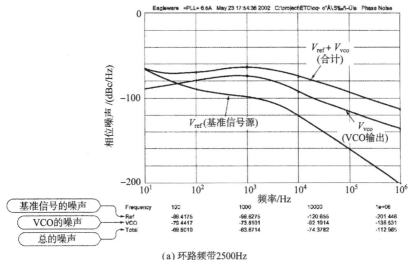

基准信号的噪声

VCO的噪声

总的噪声

(a) 环路频带2500Hz

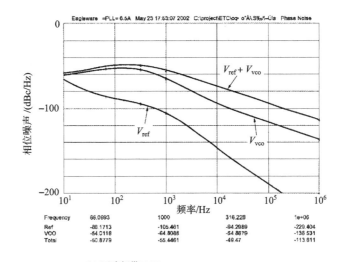

(b) 环路频带500Hz

图 9.19 环路频带对相位噪声特性的影响(仿真)

9.4.4 环路滤波器的改进减小基准信号泄漏

1. 将截止频率高于环路频带的 LPF 设置在环路滤波器的前后

基准信号泄漏电平因鉴相器与方式的不同有很大差别。为了减小基准信号泄漏,在环路滤波器的前后级增设 LPF。

所增设 LPF 的截止频率比环路频带高很多,对环路相位裕量影响不大那样选择LPF的截止频率。若截止频率接近基准信号

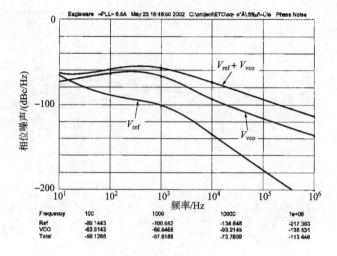

(a) 相位裕量65°　($x = 0.7$)

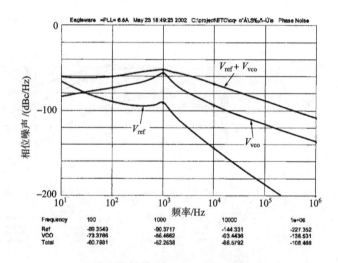

(b) 相位裕量20°　($x = 0.2$)

图 9.20　相位裕量对相位噪声特性的影响(仿真)

的频率,则减小基准信号泄漏的效果就会较差。

2. 增设 LPF 来改变相位裕量与基准信号泄漏

在环路滤波器中增设具有环路频带 5 倍截止频率($f_{\text{C}} = 5\text{kHz}$)的 1 次 LPF 时,通过仿真分析其相位裕量与闭环路增益的变化,基准信号为 1MHz。

用这种仿真软件不能求出基准信号泄漏的绝对值,但可以根据环路频率振幅特性进行某种程度的判断。

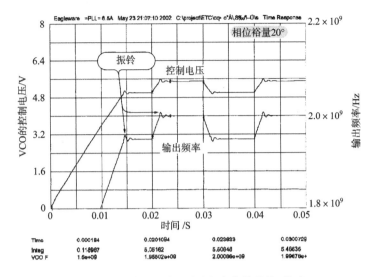

图 9.21 相位裕量为 20°时频率收敛特性(仿真)

表 9.4 示出分析结果。由此可知,若增设 LPF,则相位裕量就会减小 13°,但基准信号泄漏会减小 42dB。

表 9.4 LPF 的有无与基准信号泄漏的变化

参　　数	无 LPF	有 LPF
相位裕量	65°	52°
基准信号泄漏@1MHz	−70dB	−112dB

基准信号频率较低时,若想减小基准信号泄漏,由于相位裕量一定会变小,因此,有必要将环路频带变窄。这样,不能加大环路带宽与基准信号频率之比时,若使用只能除去基准信号成分的 T 型陷波滤波器(图 9.22),则相位裕量不会变差,减小的仅是基准信号。

若增设 LPF,则不仅能除去基准信号泄漏,而且能除去环路频带外的噪声,因此,也能提高环路频带外的相位噪声特性。

请不要忘记,若变窄环路频带,就会带来如表 9.2 所示那样的影响。

$$f = \frac{1}{2pC_A R_B} = \frac{1}{2pC_B R_A}$$

$$R_B = 2R_A \qquad C_B = 2C_A$$

图 9.22 T 型陷波滤波器

参考文献

● 第1章～第7章

[1] 榊米一郎，大野克郎，尾崎弘；大学課程電気回路(2)，第2版第2刷(1982)，pp.34 ～ 40，㈱オーム社，1968.

[2] 倉石源三郎；詳解 例題・演習マイクロ波回路，第1版第1刷(1983)，pp.4 ～ 9，pp.12 ～ 15，pp.106 ～ 110，東京電機大学出版局，1983.

[3] 小西良弘；マイクロ波回路の基礎とその応用，第1刷(1990)，pp.50 ～ 57，総合電子出版社，1990.

[4] Inder Bahl, Prakash Bhartia ; Microwave Solid State Circuit Design, John Wiley & Sons, 1988.

[5] Brian C. Wadel ; Transmission Line Design Handbook, Artech House, 1991.

[6] NPN Silicon High Frequency Transistor NE663M04 Preliminary Data Sheet, California Eastern Laboratories.

[7] 25N カタログ，Arlon 社，1998.

[8] μPG13xG シリーズ L帯 SPDT スイッチ用 GaAs MMIC アプリケーションノート，第1版，1995，日本電気㈱.

[9] HVC131 カタログ，Rev.0，㈱日立製作所.

[10] HVC132 カタログ，Rev.0，㈱日立製作所.

[11] MA2SP01/02(開発中)カタログ，松下電子工業㈱，平成12年2月29日.

[12] Joseph F. White 著，鴻巣巳之助 訳；マイクロ波半導体応用工学，pp.96 ～ 101，CQ 出版㈱，1985.

[13] ATF - 35143 データシート，Agilent Technologies Inc.

[14] MGA - 87563 データシート，Agilent Technologies Inc.

[15] Application Note 1116, Using the MGA - 87563 GaAs MMIC in Low Noise Amplifier Applications in the 800 Through 2500MHz Frequency Range, Agilent Technologies.

[16] Kai Chang ; Microwave Solid - State Circuits and Applications, pp.143 ～ 164, John Wiley & Sons, Inc., 1994.

[17] 曳田佳一，長岡高志，佐々木博之；トランジスタ技術 SPECIAL No.47，pp.100 ～ 103，CQ 出版㈱.

[18] The ARRL Handbook for Radio Amateures, 2002, pp.15.13 ～ 15.17, ARRL, 2001.

[19] W. Alan Davis ; Microwave Semiconductor Circuit Design, pp.255 ～ 257, Van Nostrand Reinhold Company Inc., 1984.

[20] RF/IF Designer's Guide 2001, pp.78 ～ 79, Mini‐Circuits.

[21] IAM91563 データシート, Agilent Technologies Inc.

[22] μPC2757TB, μPC2758TB データシート, 第3版, 日本電気㈱, 2000.

[23] Peter Vizmuller ; RF Design Guide Systems, Circuits, and Equations, pp.85 ～ 87, pp.146 ～ 148, Artech House, 1995.

[24] Stephen A. Mass ; The RF and Microwave Circuit Design Cookbook, pp.51 ～ 54, Artech House, 1998.

[25] HSU276 カタログ, Rev.7, ㈱日立製作所, 2000.

[26] 1SS315 カタログ, ㈱東芝.

[27] JDH2S02T カタログ, ㈱東芝.

[28] 2SC5509 データシート, 日本電気㈱.

● 第8章～第9章

[29] Irving M. Gottelieb ; Practical Oscillator Handbook, Newnes, 1997年.

[30] Ulrich L. Rhode ; Digital PLL Frequency Synthesizer Theory and Design, Prentice‐Hall Inc., 1983年.

[31] Ulrich L. Rhode ; Microwave and Wireless Synthesizers Theory and Design, John Wiley & Sons Inc., 1997年.

[32] David Hunter ; Design Methode for Using Wide Tuning Range Oscillators in Phase Locked Loop, RF Design Magazine, 1999年.

[33] James A. Crawford ; Frequency Synthesizer Design Handbook, Artech House Inc., 1994年.

[34] RF/IF Designer's Handbook, Mini‐circuits.